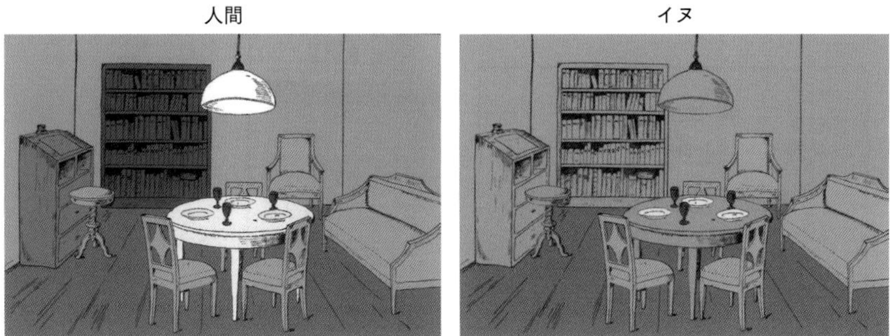

口絵１　各生物の部屋に対する意味づけ（ユクスキュル（2005）をもとに作成）

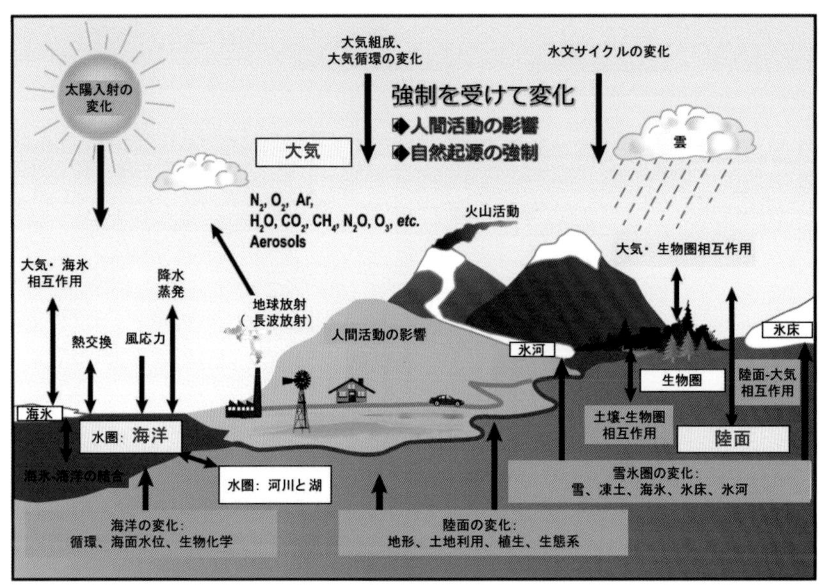

口絵２　気候システムの形成と変動（文部科学省・気象庁，2020）

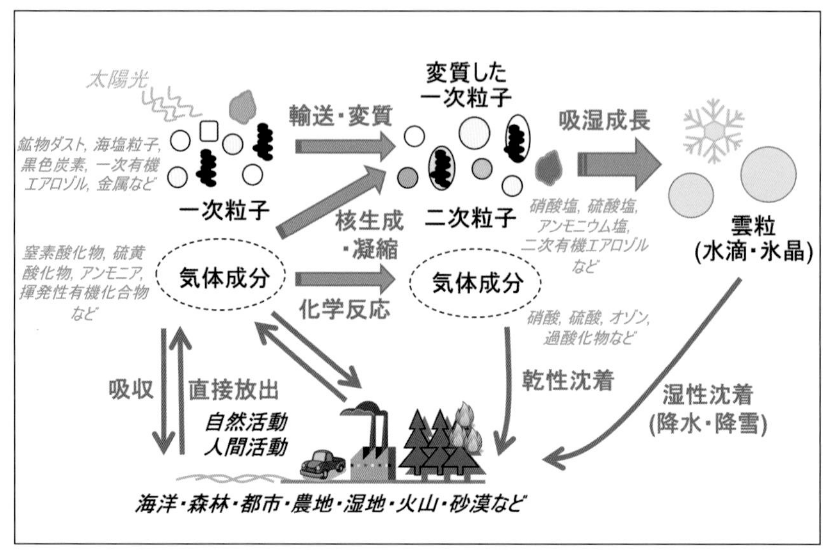

口絵３　大気中の化学物質の放出・生成・変質・消失過程（中山（2019）をもとに作成）

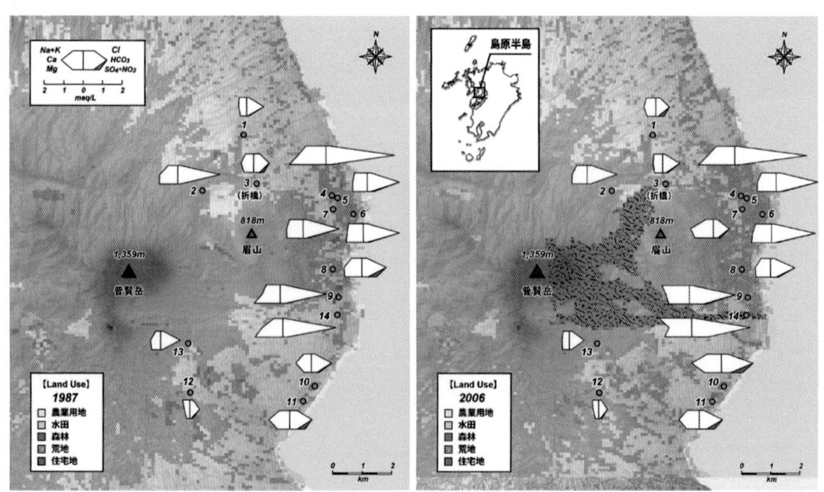

口絵４　噴火前後の土地利用図とスティフダイアグラムの分布図
（土地利用図は左：1987年，右：2006年の国土数値情報を基に作成）

地域のレジリエンスを高める環境科学

渡辺貴史・黒田 暁［編著］

ENVIRONMENTAL SCIENCE FOR ENHANCING LOCAL RESILIENCE

九州大学出版会

はじめに

私たちは，地球環境に負荷をかけ続けた結果として，気候変動等の環境変化による問題に直面しています。これらの問題は，昨今の異常気象や自然災害にみられる通り，突如として，私たちの生活や社会に深刻な影響をもたらしています。このような社会には，「逆境に強くある」ことが求められているといえます。さて，「逆境に強くある」社会には，何が必要でしょうか。

今，世界では，「逆境に強くある」社会に必要とされる資質として，サスティナビリティ（Sustainability）とともに，レジリエンス（Resilience）が注目されています。レジリエンスとは，「弾力性（強靱さ）」「復元（回復）力」「適応性」等と定義されています。レジリエンスは，当初，自然科学系の専門家が自然環境の大きな変化を捉える際の考え方として展開されてきました。しかし近年では，人間社会を主な対象とする社会科学においても同様に，レジリエンスの考え方が組み込まれた「社会」の設計・デザインに対する関心の高まりに伴い，深く関係することが指摘されるようになりました。こうした経緯を経て，自然環境と人間社会の相互関係に注目するレジリエンスに関わる研究は，資源管理のあり方，気候変動等の環境問題への対応策，各種災害に対して順応力を有する社会をつくる方法を明らかにするものとして，発展してきました（栗原，2021）。

本書は，レジリエンスの観点から取り組まれてきた調査研究の成果をもとに，「逆境に強くある」社会をつくるために必要な見方や知識を論じることを目的とします。本書は，全11章から構成されています。環境とレジリエンスの総論（第1章）から始まる前半では，問題を引き起こす主要な対象の一つである，気候変動（第2章），大気汚染（第3章），地下水汚染（第4章），火山噴火（第5章）に関して，対象の理解に必要な基礎的な知識と対応策を説明します。後半では，問題の解決に寄与する技術の現状・課題とそれらを模索する社会の対応を取り上げます。具体的には，技術に相当するものとして，リサイクルバイオ技術（第6章），都市緑地の整備技法（第7章），自然災害に関わる情報提供手法（第８章）を，社会の対応に相当するものとして，地方公共団体による資源管理に関わる取り組み（第９章），自然災害からの復興に対する地域社会の対応（第10章）を論じます。そして最終章である第11章では，本書の内容にもとづき，「逆境に強くある」，すなわちレジリエントな地域社会のあり方を考究します。

以上の構成からなる本書は，レジリエンスに関心を持たれている方々はもちろんのこと，幅広く多様な環境問題の全貌を学びたい方々にも，興味を持っていただけるものと考えています。

本書を構成する主要な調査研究は，長崎大学大学院水産・環境科学総合研究科アジア環境レジリエンス研究センターが2016～2021年に実施した研究プロジェクト「地域レジリエンス教育研究推進拠点の形成」の成果を取りまとめたものです。本プロジェクトを進めるにあたり，調査地域の方々をはじめとした関係者の皆様には，多大な便宜をおはかりいただきました。この場を借りて，厚くお礼申し上げます。

また，長崎大学環境科学部の学生の皆さん（浦川恵，榎園美奈子，岡山純音，西村匡史，林友祐，堀畑潤羽，前田遥香，松川菜々子，三原凛奈，村井悠李，敬称略）には，原稿のモニター・チェックを行っていただきました。皆さんからは，大学で授業を受講する当事者の目線からみた，本書の改良に役立つ意見をいただきました。本書が，こうした方々のご支援とご協力の賜であることを記し，謝辞とさせていただきます。

さらに，本書の構成，表現，図表に対してご助言をいただくとともに，出版に向けた諸手続きにおいてご尽力をいただきました，九州大学出版会編集企画の皆様方に感謝の意を表します。

2023年３月

渡辺貴史・黒田 暁

引用文献

栗原亘：「アクターネットワーク理論からレジリエンスを考える―エコロジーをめぐる脱・人間中心的ポリティクスに向けて」『社会学年誌』62，2021年

目　次

第1章
環境と環境問題のとらえ方

渡辺貴史

第1節　環境とは

本書の対象である地球は，約46億年前の誕生以降，様々な経緯を経て，今日に至っています。人間が多くの器官の集まりから構成されているのと同じように，地球は複数の構成要素から成り立っています。複数の要素から構成された全体はシステム，システムの構成要素はサブシステムと呼ばれています。システムとしての地球は，主として，岩石とレゴリス（固体の岩石を覆っている軟らかい層）から構成される地圏，水（海洋，湖沼，河川，地下水等）から構成される水圏，大気から構成される大気圏というサブシステムから構成されています。さらにこれらのサブシステムには，生物圏というサブシステムが重なり，3つのサブシステムと関係しています。たとえば，生物圏の植物は，地圏の土壌に根を下ろし，水圏から水を手に入れ，大気圏から光合成に必要なCO_2を取り入れ，大気圏にO_2を放出するといった関係を持っています。サブシステムの間には，第2章第2節（1）において説明される通り生物圏と他のサブシステム間以外においても相互に影響し合う様々な関係がみられ，地球の形成に影響を与えているのです。

本書の主要な検討の対象といえる環境問題が発生している「環境」には，様々な定義があり，明確に定義することが難しい言葉です。本書では，これまでの定義（武内ら，2005）にもとづき，「環境」を「ある生物にとって必要なもの（例：光，温度，水，他の生物等）」と定義します。

さらに環境とは，構成する要素の違いに応じて，図1－1に示すように分けられます。すなわち環境は，生物圏にもともと存在していた自然的なものの占める割合が高い自然環境と，人間がより良い暮らしをおくるため水・岩

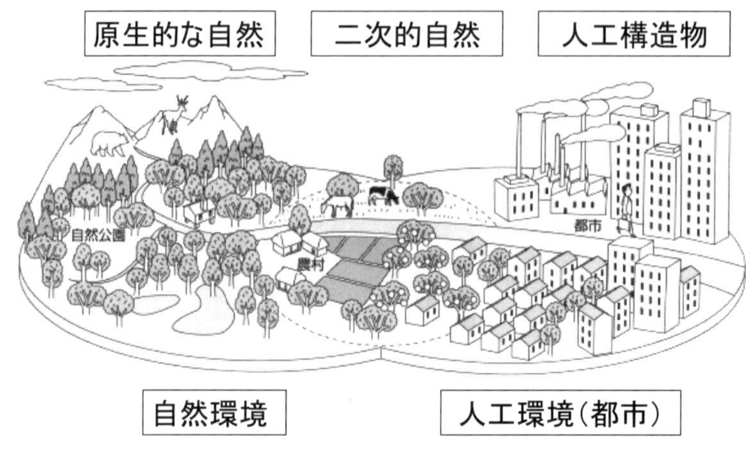

図1－1　環境の分類
（武内ら（2005）をもとに作成）

石・レゴリス等を用いて作り出した建物・道路等といった人口構造物の占める割合が高く，それを使っている多くの人間が居住する人工環境（都市）から構成されます（都市の構成要素に関しては，第7章において説明します）。さらに自然環境は，農地，果樹園，牧場，ため池，用水路といった人間が自然環境に働きかけて作り出した自然である二次的自然と，人間の働きかけがなく自律的に成立した原生的な自然（例：白神山地）に大別されます。私たちが目にする自然環境の大半は，前者の二次的自然です。たとえば，身近にある人の手が入っていないと思われる森林の多くは，かつて燃料・木材等の暮らしに必要なものを手に入れるために，人々が育てたものです。環境問題の発生に関係する環境の変化には，本書において説明する通り，人間の暮らしが大きな影響を与えています。上記を踏まえて研究者のなかには，人間社会を，生物圏から独立させて，地球を構成する要素の一つとして定義すべきとの主張がみられます（松井，2007）。

本章では，第2節で環境を考える上で重要な視点を説明した後に，第3節で環境問題の内容の推移を説明します。第4節では，環境の現状を評価している有名な取り組みの一つであるプラネタリーバウンダリーの概要を紹介し，環境の現状を説明します。そして第5節では，前節で示した状況への対応方法を考える時に有用な概念の一つといわれるレジリエンスを紹介し，こうした考えを社会に取り込むために必要な対応を説明します。

第2節　環境を考える上で重要な視点

(1) 主体と環境の関係

環境の定義にみられる「ある生物」とは，主体と呼ばれることがあります。環境を考える上で重要なのは，主体によって必要あるいは必要としていないものが異なることです。このことを説明した有名な著書の一つには，フォン・ユクスキュルの『生物から見た世界』(ユクスキュル，日高・羽田訳，2005)が挙げられます。ユクスキュルは，主体によって，環境の知覚の仕方や環境に対する意味づけが異なるため，把握している環境が異なると説明しています。ユクスキュルは，各主体が把握していると考えられる環境をUmwelt(環世界)，人間が主体の周囲に広がっていると考えている環境をUmgebung(環境)と呼び区別しています。Umgebungは，人間の環世界に相当するといえます。本研究の環境の定義は，環世界とほぼ同じといえます。

図1－2(口絵1)は，ある部屋に対する人間とイヌが把握する環世界を示したものです。人間は，椅子(オレンジ)を座る，本棚(青色)を収納する，ライティングデスク(水色)を書きものをする，テーブル(ピンク色)を食事する，皿(黄色)を料理の盛り付けをする，コップ(赤色)を飲み物を注ぐ，床(灰色)を移動するところ，壁(緑色)を移動が妨げられる障害

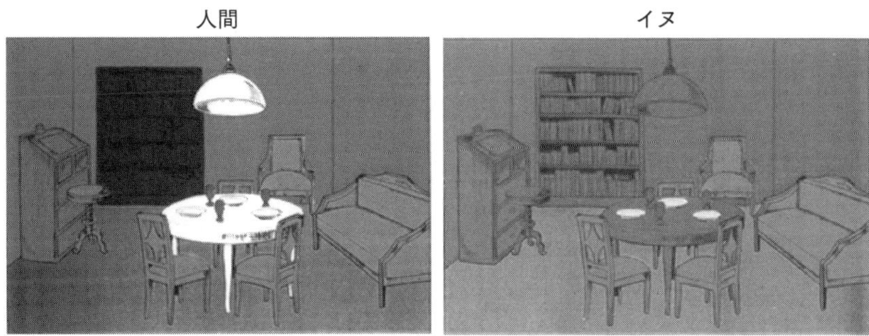

図1－2　各生物の部屋に対する意味づけ
(ユクスキュル(2005)をもとに作成)

物とそれぞれ区別していると考えられます。それに対してイヌにとって椅子，皿，コップは，人間と同じ色となっています。これは，人間の行動の学習を通じて，人間と同様に区別していると考えられるからです。しかしそれ以外は，別のものとして区別する必要がなく，活動に関係がないものと意味づけているものと考えられます。

環境問題を考える際には，生物によって環境に対する意味付けが異なるのを意識することが重要です。こうした考えの必要性について，農業用水路を例に説明しましょう。農業用水路のなかには，自然な地盤を掘削したのみで，コンクリート等の人工構造物におおわれていない水路があります。人間は，農業用水路を，水源から農作物の栽培等の暮らしに必要な水を引き入れるために作りました。したがって人間のなかには，水さえ確保できれば，用水路が自然な地盤であっても人工構造物でも構わないと考える方がいます。農業用水路から水を確保するためには，草刈り等の管理作業が必要です。人工構造物におおわれた水路は，草刈り等の管理に手間がかからないという点から，管理に携わる人間にとって望ましいといえるかもしれません。一方で管理の対象である草本にくわえて，水生昆虫・両生類（例：カエル）をはじめとした人間以外の生物のなかには，自然な地盤を活用しその他の生物と関係を持ちながら生息しているものがいます。用水路の人工構造物は，生物によっては，生息に必要な自然な地盤を消失させ，生息しづらくさせる可能性があります。つまり人工構造物によって整備された用水路に対する意味付けは，人間とそれ以外の生物との間で異なるのです。

環境に対する意味づけは，異なる生物間のみならず，同じ生物であっても学習や経験の積み方によって異なっていきます。このように環境問題の解決を検討する際には，解決手段の与える影響が生物によって異なるとの考えをもって，多くの生物にとってもっとも望ましい手段を模索することが必要です。

(2) 空間と時間の広がり

環境を考える上で重要なもう一つの点は，対象のすがた等の特徴が設定された時間と空間の広がりに応じて，異なることです。

図 1－3 には，2 つの空中写真が提示されています。下図の破線で囲まれ

図1－3　スケールの異なる2つの空中写真
（国土地理院地図 Vector（2022年3月9日閲覧）を加工して作成）

た部分は，上側の空中写真の範囲に相当します。両写真に提示されている環境は，写真に示された内容と提示された範囲の2つの点において異なります。内容に関しては，上側の写真に示されたものが，下側の写真と比べて，詳しいといえます。すなわち，上側の写真からは1棟の建物の形や1本の木の形が読み取れるのに対して，下側の写真からは1棟の建物の形や1本の木の形が読み取りづらいです。範囲に関しては，下側の写真に写っている範囲が，サイズが大きいとはいえ，上側の写真と比べて，かなり広くなっています。

2つの写真に提示されている内容と範囲が異なるのは，縮尺が異なるからです。縮尺（スケール）とは，実際の空間を縮めた程度のことです。たとえば，実際の空間を半分に縮めた地図及び画像の縮尺は，2分の1スケールと称されます。縮めた程度がより小さく実際の空間の大きさに近いことはミクロスケール（Micro scale）と呼ばれ，その逆のことはマクロスケール

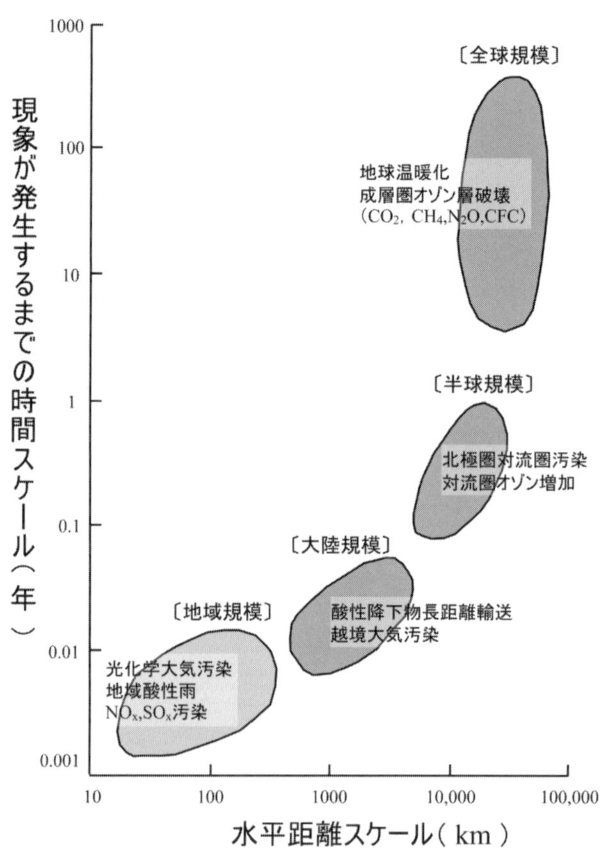

図1－4　大気環境現象の時間・空間スケール
（秋元（1994）をもとに作成）

(Macro scale) と呼ばれます。たとえば，下側の写真は，上側の写真と比較して，マクロスケールな写真であるといえます。空間のスケールに関しては，先の意味にくわえて，より狭い範囲をミクロスケール，より広い範囲をマクロスケールといった意味として用いられることがあります。

スケールという考え方は，空間とともに時間にも使われています。具体的には，より短い期間をミクロスケール，より長い期間をマクロスケールと呼びます。たとえば，私たちの一日の暮らしは，一年の生活と比べて，ミクロな時間スケールにおける現象といえます。

環境問題の原因となる現象の把握や解決策を考える際には，問題に関係する対象範囲をどの位の時間と広がりから捉えるかが重要となります。なぜ重要かについては，本書の後半の内容と関連づけながら，具体的に説明します。

第2章では地球温暖化に関係する気候変動が，第3章では大気汚染が，そして第8章では自然災害の発生に関係する豪雨と台風が取り上げられます。これら大気圏において発生している現象は，空間の広がりと発生に至るまでの期間（豪雨と台風の場合は発生から収束に至る期間）が異なります。

図1－4は，大気圏において発生する現象を，空間的な広がりを示す水平距離スケールと発生に至るまでの期間を示す時間スケールから整理したものです。同図から，大気汚染に相当する光化学大気汚染や越境大気汚染は相対的に発生に至るまでの期間が短く空間的な広がりが小さい現象であるのに対して，地球温暖化はその逆であることがわかります。地球温暖化の発生に至るまでの期間が長いことは，原因物質の排出量を少なくする等の温暖化を防ぐ対策を行っても，その効果が表れるまでに大気汚染と比べて時間がかかることを意味します。また空間的な広がりが大きい地球温暖化の対策の実施には，大気汚染と比べてより広域の主体が関わる必要があるといえるでしょう。なお豪雨と台風に関しては，台風が，豪雨と比較して，より広い範囲において長時間にわたって発生する現象といわれています。

第7章では，都市公園をはじめとした都市緑地が取り上げられます。図1－3の上側の空中写真の地域において都市公園が不足しているかを検討する場合，上側の空中写真のみからは，都市公園に相当する空間がなく，都市公園を新たに整備する必要があるとの判断を下すかもしれません。しかし下側の写真からは，対象範囲の近くに大きな都市公園があるため，都市公園を新たに整備する必要はなく大きな都市公園を活かした対応をすべきとの判断になるかもしれません。これらは，対象をマクロ・ミクロ双方のスケールから把握することの重要性を示しています。

このように環境問題を考える際には，その問題となる現象を把握する上で適切なスケールを選択するとともに，マクロ・ミクロ双方のスケールから把握し比較することが重要といえます。

第３節　環境問題の推移

人間が誕生したのは，約20万年前といわれています。約46億年の地球の歴史に占める人間の活動期間は，ごくわずかです。具体的に人間が誕生した時間は，地球の歴史を１年間とした場合，12月31日の午後11時37分となります。人間は，地球の歴史からみてごくわずかな時間のなかで，環境に大きな影響を与えてきました。その主要な要因としては，18世紀半ばに発生した産業革命以降の人口の増加とエネルギー消費量の増大が挙げられます。化石燃料を活用した技術の発展は，人間に豊かな暮らしをもたらしてきた一方で，環境に汚染物質を排出し，土地利用を変化させ，様々な生物から構成される生態系に圧力をかけてきました。これら人間活動による環境の変化は，多くの環境問題を引き起こしてきたのです。

わが国において環境問題は，1880年代の足尾鉱毒事件にみられる通り，第２次世界大戦前から認識されていました。特に強く認識されるようになったのは，戦後です。高度経済成長による急速な工業化は，現在からみると法的にも技術的にも極めて不十分な管理に伴う汚染物質の排出により，深刻な環境汚染を発生させました。前記により発生した四大公害事件（水俣病，新潟水俣病，イタイイタイ病，四日市ぜんそく）を含む公害は，人間を含む様々な生物に悪影響をもたらしました。一般的に公害としては，７つ（大気汚染，水質汚染，土壌汚染，騒音，振動，地盤沈下，悪臭）が挙げられます（典型７公害）。水俣病，新潟水俣病，イタイイタイ病の原因は水質汚染，四日市ぜんそくの原因は大気汚染にあたります。こうした状況の改善にまず対応したのは，第９章にて取り上げる地方自治体を含む発生地域の人々でした。

1967年には，これらの取り組みを受けて，公害対策基本法が制定され，汚染物質の排出を抑えるために「人の健康を維持し，生活環境を保全する上で維持されることが望ましい環境上の条件」である環境基準を設定し，これを政府の達成目標とし，主として産業活動に由来する汚染物質の規制が行われるようになりました。また1971年には，環境の保全・整備，公害の防止を所管する行政機関である環境庁（現環境省（Ministry of the Environment））が発足しました。

また，工業化を含む急激な社会変動は，土地利用の急激な改変を引き起こし，1957年に制定された自然公園法等をはじめとする既存の法律によって保護されていない多くの自然環境を喪失させました。こうした状況を受けて1972年には，自然環境を保全するための総合的な法制度といえる，自然環境保全法が制定されました。それに続く1973年には，自然環境をモニタリングする「緑の国勢調査」（自然環境保全基礎調査）が実施されるようになります。

1976～77年には，OECD（経済協力開発機構）によるわが国の環境政策の評価が実施されました。そこでは，1960年代に発生した環境汚染を除去し抑えるために実行された環境政策を，成功したものとする評価がなされました。その一方で，日常の暮らしにおける心地良さ（例：良好な景観・住まい等）を高めるための環境政策に関しては，十分ではないと評価されました。人間が心地良さを得るために必要といえる「身近な環境の総合的な質」は，快適性（Amenity）と呼ばれています。1970年代後半から1980年代前半にかけては，快適性の向上が課題として認識されました。たとえば，第７章で取り上げられる街路樹に関しては，快適性を向上させるための植栽（花木（例：ハナミズキ・サルスベリ等）の導入）が実施されました。快適性を向上させる環境政策の主な特徴としては，汚染物質の除去といったマイナス要素の排除を目的とした従来の環境政策とは異なり，街路樹の整備にみられる通り，プラスとなる要素を守る・創出する点が挙げられます。

この時期には，1960年代に問題視された産業活動による環境汚染がある程度鎮静化する一方で，日常の暮らしに由来する環境汚染に対する関心が高まりました。たとえば，第３章で取り上げる大気汚染を起こす物質である窒素酸化物の多くは，自動車排出ガスに起源を持ちます。そこには，産業活動にくわえて，生活の中での日常的な移動の際に発生したものが多く含まれています。第４章で取り上げる水質汚染の一つである地下水汚染に関しては，地域によって，産業活動よりも生活排水の影響が大きい場合があります。典型７公害のいずれにも帰属しない問題として注目されたのは，大量生産・大量消費・大量廃棄型の社会への移行により生じた廃棄物問題です。私たちが「ごみ」と認識する一般廃棄物のうち日常の暮らしから排出される廃棄物（生活系廃棄物）の占める割合は，第６章に示される通り，約70％です。これらに対する不適切な処理は，環境汚染を発生させます。こうした都市型・生活型公害に対しては，自動車の排出ガスの規制強化等をはじめとした日常生活から発生する環境汚染を抑える様々な対応がなされました。

わが国の範囲に収まらないスケールの問題といえる地球環境問題は，1972年の国連人間環境会議における人間環境宣言の採択や1987年の環境と開発に関する世界委員会による持続可能な開発（Sustainable Development）の考え方の提唱等の取り組みを経て，1980年代後半頃から大きな関心が持たれるようになりました。主な地球環境問題としては，気候変動と大気汚染と関係する地球温暖化，オゾン層破壊，酸性雨をはじめとして，海洋汚染，野生動物種の減少，森林の減少，砂漠化，有害化学物質の越境移動，開発途上国の環境問題等が挙げられます。先の情勢を受けて1992年には，ブラジルのリオ・デ・ジャネイロにて地球サミット（環境と開発に関する国際連合会議）が開かれました。同会議では，持続可能な開発に向けた地球規模での新たなパートナーシップを構築するための基本原則が含まれている「環境と開発に関するリオ宣言」（リオ宣言）が採択されました。同宣言とともに個別の環境問題の解決に向けた国際的な合意として，気候変動枠組条約と生物多様性条約の署名が開始され，森林原則声明が採択されました。さらにこれらの合意を実践するための行動計画ともいえる「アジェンダ21」も採択されました。

同会議後には，国際社会の連携・協力のもとで世界各国が環境問題を解決する取り組みを進めています。たとえば，地球温暖化の改善に向けては，気候変動枠組条約を締結した国により，1995年から2022年に至るまでに27回の国際会議（気候変動枠組条約締約国会議（通称：COP））が開かれ，温室効果ガスの削減目標及び目標を達成するための方策に関わる協議がなされています。

わが国は，このような世界的な動向を踏まえて，1993年に環境基本法を制定し，環境政策の基本理念として国際協調による地球環境の保全を示し，1994年以降現在まで５次の環境基本計画の策定，1998年の地球温暖化防止法の制定をはじめとした理念の実現に向けた取り組みを進めています。

以上の説明にみられる通り，環境問題に対する認識は，時間が経過するにしたがい，「問題」として認識されるものが多くなり，今日に至っています。

第４節　プラネタリーバウンダリーからみた環境

前節において取り上げた環境問題に対する対応策を考えるためには，環境の現状を把握し評価することが必要です。それに関連する注目される取り組みとしては，スウェーデンのストックホルム・レジリエンス・センター所長であったヨハン・ロックストローム（現ポツダム気候影響研究所所長（ドイツ））を中心とした研究グループが提唱したプラネタリーバウンダリー（Planetary boundaries）が挙げられます。

プラネタリーバウンダリーとは，人間が地球上において安全に暮らすために必要な活動ができる限界を意味します。この限界を超えた場合には，地球環境に，急激かつ元の状態に戻せない変化が発生し，人間が生存することが困難な状態になる可能性があるとされています。

プラネタリーバウンダリーでは，現状を把握・評価するために９つのシステムが設定されています。９つのシステムは，３つのグループに分類されます。

第１は，地球全体に影響を与えるグループです。具体的には，気候変動，成層圏オゾン層の破壊，海洋の酸性化です。第２は，地域の状況によって大きく異なる地球環境の回復に関係するグループです。具体的には，窒素・リンによる汚染，生物多様性の損失，淡水の消費，土地利用の変化です。そして第３は，人間と地球に悪影響をもたらす人間が作ったものに関わるグループです。具体的には，化学物質汚染，大気汚染・大気エアロゾルの負荷です。各システムの評価は，設定された指標の現状と限界とされる状況との比較により行われます。

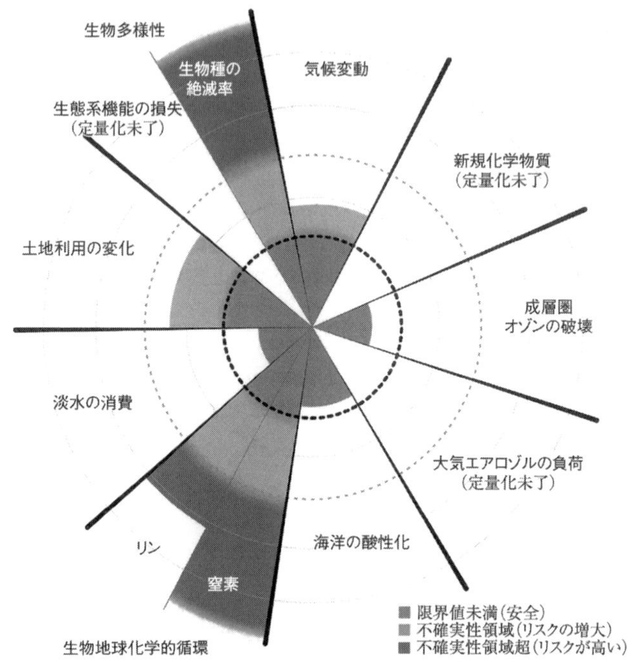

図１－５　プラネタリーバウンダリーからみた
地球環境の現状（2014年現在）
（ヨハン・ロックストローム・マティアス・クルム（2018）をもとに作成）

図１－５は，プラネタリーバウンダリーからみた地球環境の現状を示したものです。濃い点線は，限界とされる状況の値（限界値）です。同図は，気候変動，生物多様性の損失，土地利用の変化，窒素・リンによる汚染に相当する生物地球化学的循環において限界値を超えていることと，定量化が未完了なシステム（化学物質汚染（新規化学物質）・大気エアロゾルの負荷等）があることを示しています。こうした環境の変化は，第８章にて取り上げる気候変動が関係するとされる豪雨と台風による自然災害の多発等を通じて，人間の安全な暮らしに悪影響をもたらしています。人間が安全に暮らせる環境を持続させるためにも，図に示された現状を悪化させないための取り組みを継続させることが必要です。

第５節　レジリエントな社会の構築に向けて

前節に示された状況に対応する方法を考える時に有用な概念の一つとしては，レジリエンス（Resilience）が挙げられます。レジリエンスとは，もともと物理学において「外力による歪みを跳ね返す力」を意味する言葉として用いられていました。今日では，第10章の説明にみられる通り，人間およびその社会との関連をはじめとして，様々な分野において使われ，議論されています。たとえば，心理学では，「不利な状況でも自身を対応させられる個人の能力」等といった使われ方がされています。

レジリエントな社会の構築に向けては，環境と人間を含む社会に対して，レジリエントな考えにもとづく対応をとる必要があります。すなわち，環境に対しては，人間の活動による負荷を，復元可能な程度に抑えることが必要です。人間を含む社会は，復元可能な程度までの負荷の削減とともに，環境変化により生じる被害をなるべく減らす対応を検討し実施することが欠かせません。このうち負荷の削減は地球温暖化問題の対策における緩和策（mitigation）に相当し，被害をなるべく減らす対応は適応策（adaptation）に相当するものといえます。

前記した対応を私たちがとるためには，学習を通じて，環境の見方と必要な知識を身に付ける必要があります。本書の内容は，レジリエントな社会を構築するために必要な見方や知識に当たるものなのです。

引用文献

秋元肇：「地球汚染（大気環境〈特集〉）」『空気調和・衛生工学』64（9），1990年

武内和彦・佐藤洋平・鈴木雅一・細見正明編修：『環境科学基礎』実教出版，2005年

松井孝典：『地球システムの崩壊』新潮社，2007年

フォン・ユクスキュル（日高敏隆・羽田節子訳）：『生物から見た世界』岩波書店，2005年

ヨハン・ロックストローム・マティアス・クルム（武内和彦・石井菜穂子監修）：『小さな地球の大きな世界　プラネタリー・バウンダリーと持続可能な開発』丸善出版，2018年

第 2 章
気候変動のメカニズムと対策

河本和明・中山智喜

第 1 節　地球大気と気候変動

地球大気は，上空になるほど希薄になり，その密度（および圧力）は，高度15 km で地表付近の約10分の 1 ，高度30 km で約100分の 1 となります。地球の直径は12,750 km程度ですので，地球の表面を覆うごくわずかな範囲に，リンゴの薄皮のような形で大気が存在していることになります。そのため，地球大気の状態は，極めて繊細なバランスの上に保たれていると言えます。現在，人類による化石燃料の大量消費に伴う温室効果気体の排出量増加などにより，大気の組成やエネルギー収支が変化し，気候が大きく変化しつつあります。気候変動は，人類のみならず地球上の多くの生物に深刻な影響を及ぼしつつあり，私たちが喫緊に取り組む必要がある人類共通の課題です。

本章ではまず，気候の形成や変動に関係するエネルギー（太陽放射と地球放射）について述べた後に，気温や降水量，風といった具体的な物理量の変動について説明をします。次に，気候変動のメカニズムならびに，温室効果気体とエアロゾル・雲の影響について解説します。その後，気候のこれまでの実態と今後の予測を説明し，最後に気候変動の緩和策や適応策について紹介します。なお，気候や気象についてさらに詳しく学びたい方は，小倉（2016）による『一般気象学』や日本気象学会（1998）の『気象科学事典』などを参照してください。

第２節　地球大気の物理過程と気候

（1）気候とは

気候は一般に，長時間にわたる大気の平均状態と考えられています。よく聞く「平年値」は，30年間の平均値と定義されています。図２－１（口絵２）は気候がどのように形成・変動しているかを示しています。まず地球上で起こる様々な大気現象は太陽からやってくるエネルギーを源としています。地球に入ってきた太陽エネルギーは，熱などに形を変えて，大気圏のみならず，海洋・陸面・雪氷・生物圏の間を行き交い，最後は赤外放射として宇宙空間に戻ります。このような地球の諸システムをまとめて気候システムと呼んでいます。後で述べるように，平均した期間よりも長い時間では，気候は常に決まったものではなく変動しています。特に長い期間にわたる気候の変動には海のはたらきが重要と言われています。大気は動きが速いですが，海は動きがゆっくりで，熱容量も膨大なためです。まず始めに，気候システムを駆動するエネルギー源である太陽放射と，最終的に宇宙に赤外線として戻る地

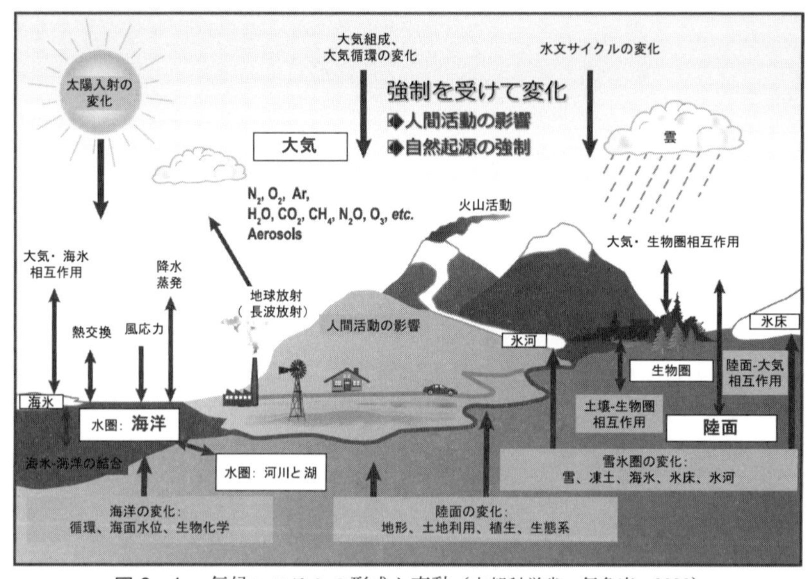

図２－１　気候システムの形成と変動（文部科学省・気象庁，2020）

球放射について説明します。

(2) 太陽放射と地球放射

物体は全て，その温度に応じたエネルギーを電磁波の形で射出しています(プランクの法則)。図２−２は，地球で観測される太陽放射と地球放射のエネルギー分布を示しています。横軸は電磁波の波長，縦軸はエネルギーの大きさと考えてください。

太陽放射はガンマ線から電波まで幅広い波長にわたっていますが，エネルギーの大部分は概ね0.2 μm から４μm の範囲内に含まれ，全エネルギーの約半分は可視域に，残りの半分弱は0.7 μm 以上の赤外域に相当します。0.38 μm 以下の紫外域のエネルギーは１割未満です。太陽はおおよそ5,800 K の物体と考えてよく，太陽放射エネルギーのスペクトルは約0.5 μm に最大のエネルギーを持ちます。後述する地球放射との対比から短波放射，または日射と呼ばれることもあります。

地球は，１年をかけて太陽を焦点の１つとする楕円軌道を描いて公転し

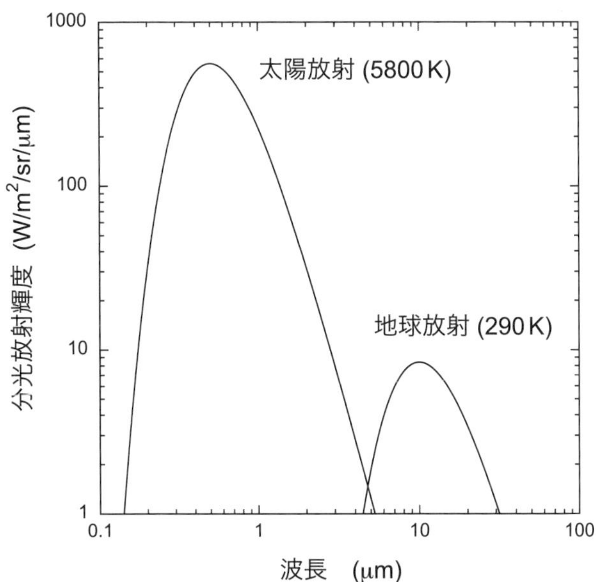

図２−２　地球で観測される太陽放射（5,800 K）と地球放射（290 K）のエネルギー分布

ているため，太陽と地球の距離は時期によって異なります。地球は1月3日頃に最も太陽に近づき（近日点），7月4日頃に最も離れます（遠日点）。平均の太陽地球間距離は約1.5×10^8 kmで，この時点での大気上端における太陽光線に垂直な単位面積が単位時間に受け取る太陽放射の全エネルギーを太陽定数といいます。値としては1,367 W/m^{2}が広く受け入れられています。太陽定数という名称ですが，太陽活動によって1 W/m^{2}ほど値が変動していることが知られています（浅野，2010）。

一方，陸面や海面など地球の表面や，大気を構成する気体や粒子が射出する電磁波が地球放射です。地球上の温度範囲は概ね250～300 Kの範囲にありますので，3～100 μmの赤外線に相当し，太陽放射（短波放射）との兼ね合いから長波放射と呼ばれることもあります。地球の放射平衡温度（入射する太陽放射量と射出される地球放射量がバランスした温度で約255 K）では11 μm付近に最大のエネルギーを持ちます。

(3) 地球のエネルギー収支

全球で年平均した地球の単位面積あたりのエネルギー収支を図2－3に示します。地球の断面積と表面積が4倍異なることから太陽定数の4分の1の342 W/m^{2}の太陽放射が大気上端に入射し，そのうち約3割の107 W/m^{2}が

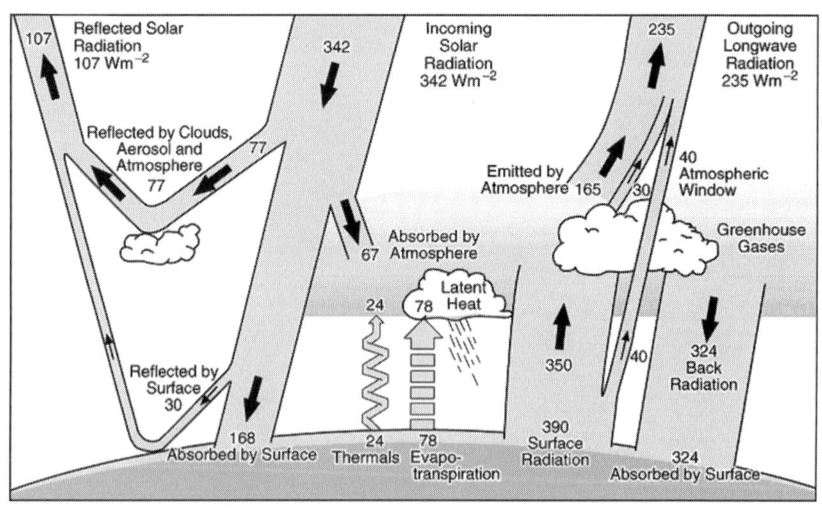

図2－3　地球のエネルギー収支（IPCC, 2001）

雲やエアロゾル粒子，空気分子といった大気成分（77 W/m^2）と地表面（30 W/m^2）による反射のため宇宙空間に戻ります。この約3割は地球の熱環境に影響を及ぼすことはありません。一方，大気中では約2割の67 W/m^{2}が，地表面では約5割の168 W/m^{2}が吸収され，主に地表面を温めます。地表面での長波放射に注目すると，390 W/m^{2}が射出されていますが，同時に大気から324 W/m^{2}を吸収しています。また地表面からの蒸発散に伴う潜熱が78 W/m^2，顕熱が24 W/m^{2}と見積もられています。さらに大気によって射出される長波放射は165 W/m^{2}で，最終的に宇宙に出ていく長波放射は235 W/m^{2}となっています。

大気上端，大気圏，地表面の3つの領域でのエネルギー収支（収入と支出）はそれぞれバランスしています。そのことを読者各自で確認してみてください。

一方，図2－4は図2－3と異なり，大気上端での短波放射の吸収と長波放射の射出の年平均の緯度分布を示しています。射出される長波放射は地球—大気系の温度を反映しており，吸収される短波放射は太陽光が入射する角度に依存します。地球全体ではエネルギー収支はバランスしていますが，地域ごとに見てみるとそうはなっていません。南北両半球の緯度約35°を境に，低緯度側では吸収される短波放射の方が射出される長波放射よりも大きいで

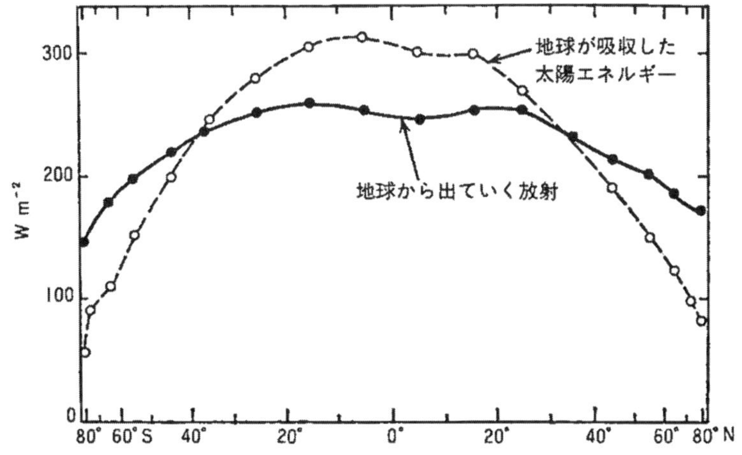

図2－4　地球が吸収する太陽放射量と宇宙に射出される地球放射量の緯度分布
（小倉，2016）

すが，高緯度側では逆転していることがわかります。しかし低緯度の温度が一方的に上がり，高緯度の温度が下がることはありません。それは低緯度で余った熱が大気と海洋の運動によって高緯度に運ばれているからです。

(4) 気温と降水量，風

ここまで，気候システムに関係するエネルギーの様相について概観してきました。次に具体的に気候を特徴づける物理量を見ていきましょう。代表的な量として，気温と降水量が挙げられます。例えば熱帯の国であれば，気温が高くて特に強い雨が多いのに対し，砂漠は気温の日較差が大きく，雨が極端に少ないというイメージを持たれる方が多いと思います。また，朝に家を出る時に，今日は暑いか寒いか，雨が降るか降らないかは，服装や傘を持って行くかどうかの判断に大きな影響を与えるでしょう。このことから，この２つの物理量は，気候を特徴づける量のみならず，日常生活での関心事であるとも言えます。他には湿度や日照時間，風向・風速なども含まれます。

図２−５は，全球の年平均地表気温を示しています。私たちが既に知って

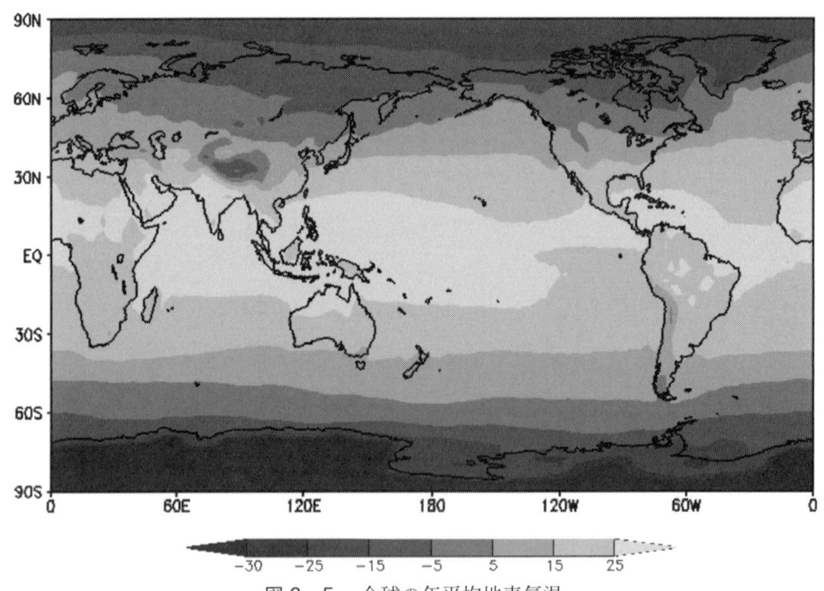

図２−５　全球の年平均地表気温
（NCEP 再解析データ（Kalnay *et al*., 1996）による。単位は℃。）

いる通り，一般に地表気温は緯度に依存しており，赤道から北または南に行くほど概して気温は下がります。これは太陽光が当たる角度のためです。他には緯度だけでなく，海陸の違いや暖流・寒流の近くかどうか，標高の違いによっても影響を受けていることがわかります。例えばチベット高原など標高が高いところでは気圧が低く，周囲の同緯度の地域よりも気温が低くなっています。

図２－６は１月と７月の降水量（陰影）と地表付近の風系（矢印）を示しています。降水量は，赤道付近，特に西太平洋で多いことがわかります。この熱帯の雨は強い対流に伴う背の高い積乱雲から降ることが知られています。１月には中緯度の太平洋や大西洋でも降雨帯が見られます。これらは，強い対流というよりも前線や温帯低気圧などの渦によって生じています。他に中央アフリカやアマゾン域など雨季と乾季がはっきり分かれている地域も見られます。

一方，風系についてアジア近辺に注目すると，北半球の冬（１月，上図）は非常に強いシベリア高気圧から風が吹き出し，日本周辺に北西の風，インド洋に北東の風をもたらしています。一方，北半球の夏（７月，下図）はインド洋から南西の風がインドやチベット，東アジア方面に入っています。また西部太平洋から南東の風が日本に入っていることもわかります。このように季節によって風向が大きく異なる風のことをモンスーン（季節風）と呼んでいます。モンスーンが引き起こされる主要な原因は，陸地と海洋の熱容量が大きく違うためです。陸地は，熱容量が小さいため温まりやすく冷めやすいのに対して，海洋は熱容量が大きいため温まりにくく冷めにくいのです。つまり夏は，強い日射によって陸地の方が海洋より温まりやすいので，陸上の空気が温まって密度が小さくなることで気圧が下がり，地上付近で低気圧が形成されます。低気圧の中心付近の空気は周囲の空気を引き込んで上昇しますので，インド洋や南シナ海から温かく湿った空気が入り込みます。そのためにインドやインドシナ半島付近が雨季を迎えます。それに対して冬には日射が弱まり，熱容量の小さな陸地は冷えて，陸上の空気は密度が大きくなります。その結果，気圧が上がって地上付近で高気圧が形成されます。特にユーラシア大陸東部では，シベリア高気圧のような強い寒気を伴った高気圧が発生し，相対的に温かい周囲の海洋に向かって風が吹き出します。日本へ

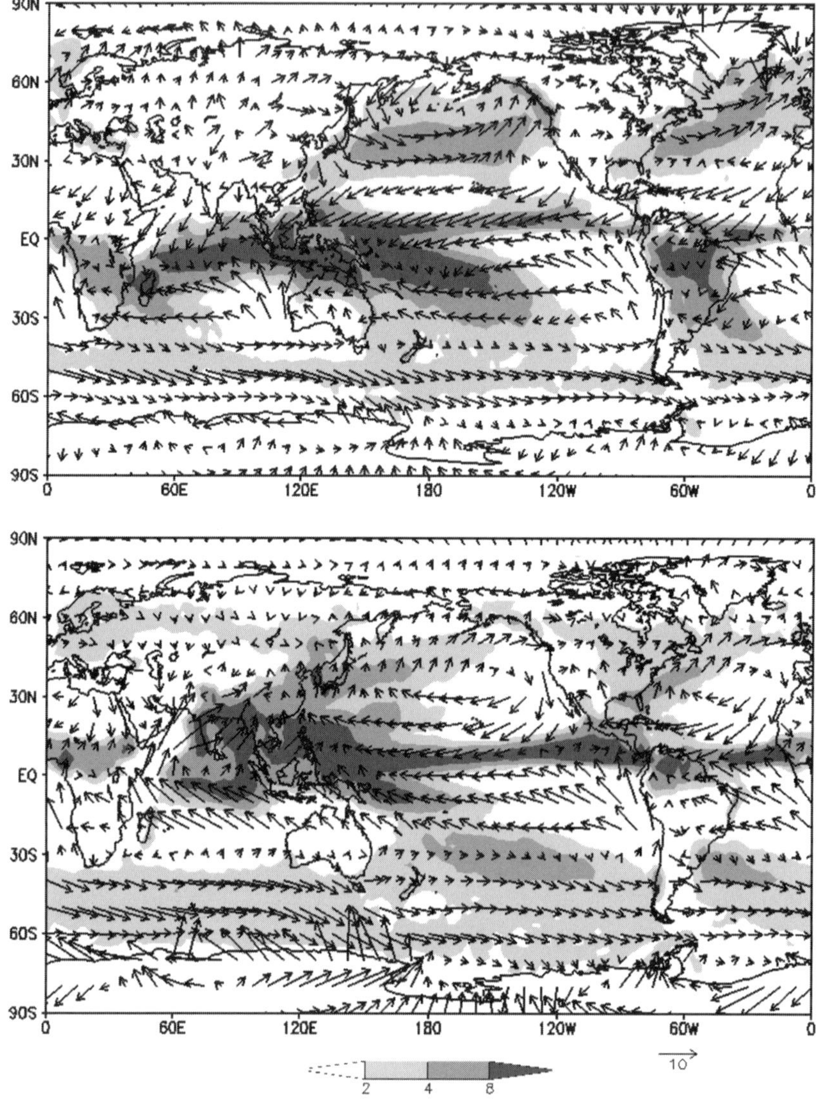

図２－６　地表付近の風と降水量分布（上：１月，下：７月）
（風は NCEP 再解析データによる。単位は矢印が10 m/s。
降水量は CMAP データ（Xie and Arkin, 1997）による。単位は mm/ 日。）

の影響としては以下の現象がよく知られています。大陸からの冷たく乾燥した気流は，日本海の比較的温かい海面によって加熱され，水蒸気が補給されます。このことで湿潤となった空気は日本列島の山々にぶつかって上昇し，北陸など日本海側に多量の雪または雨をもたらします。その後，山越えをした気流は平野部に吹き下り，太平洋側は乾燥した晴天となります。

第３節　気候変動のメカニズム

気候変動の原因には，大きく分けて自然と人為の２つがあります。自然起源には大気自身に内在するものの他，海洋の変動や火山の噴火に伴うエアロゾル粒子の増加，太陽活動の変化や地球の公転軌道の変化などがあります。特に，地球表面の約７割を占める海洋は，大気との間で海面を通して熱や水蒸気などを交換しており，海流や海面水温などの変動は大気の運動に大きな影響を及ぼしています。一方，人為起源には人間活動に伴う二酸化炭素（CO_2）などの温室効果気体の増加やエアロゾル粒子の増加，森林伐採や地表タイプの改変などがあります。温室効果気体の増加は地上気温を上昇させ，森林伐採や地表タイプの改変は水の循環や地表面の日射の反射率に影響します。ここではCO_2などによる温室効果と，エアロゾル粒子による効果について説明します。

(1) 温室効果気体の影響

地球の下層大気（対流圏）にはCO_2，メタン，一酸化二窒素，フロン，代替フロン，オゾンなどの温室効果気体と呼ばれる気体がわずかに含まれています。これらの気体は赤外線を吸収し，再び放出する性質があります。この性質のため，太陽放射で温められた地表面から地球の外に向かう赤外線の多くが，熱として大気に蓄積され，再び地球の表面に再放出されます。この戻ってきた赤外線が，地表面付近の大気を温めます。これを温室効果と呼びます。温室効果が無い場合の地球の表面の温度（前述した放射平衡温度）は –19℃と見積もられていますが，温室効果のために現在の世界の平均気温はおよそ14° Cとなっています。大気中の温室効果気体が増えると温室効果が強まり，地球の表面の気温が高くなります。

皆さんご存知の通り，石油や石炭といった化石燃料の大量消費や森林破壊などによる大気中の温室効果気体の濃度の増加に伴う気候変動に対する関心が高まっています。図２－７（左）に，全球平均のCO_2濃度の1984年以降の経年変化を示しました（WMO・気象庁，2021）。人間活動により放出されたCO_2のおよそ56 %は，海洋や陸域により吸収されていますが，残りは大気中に蓄積していきます（IPCC, 2021）。CO_2の全球平均濃度は，主に植生による光合成のために，北半球に陸地が偏っている北半球の夏に低く，冬に高くなる季節変動を示しつつ，年々増加しており，2020年現在で410 ppm を超えています。CO_2の濃度は，周辺地域における排出や吸収や移流・拡散などによって，より小さな時間・空間スケールでも変動します。国内の地方都市の市街地における冬季のCO_2濃度の日内変動の例として，長崎市内における観測結果を図２－７（右）に示しました。通勤ラッシュによる周辺の交通量の増加のため，８～９時頃に濃度が高くなっており，自動車からCO_2が排出されていることが見て取れます。また，20時以降の夜間の濃度上昇の要因として，放射冷却に伴う大気の安定化による上下混合の抑制や，暖房等のための化石燃料燃焼および植物や土壌微生物の呼吸などによるCO_2放出の影響が考えられます。

メタンは，主に湿地帯や水田における微生物活動や，天然ガスなどの化石燃料の採掘・輸送に伴う漏洩，ごみの埋め立てなどの廃棄物処理，反芻動物などの家畜，バイオマス燃焼などにより，大気中に放出されています。一酸

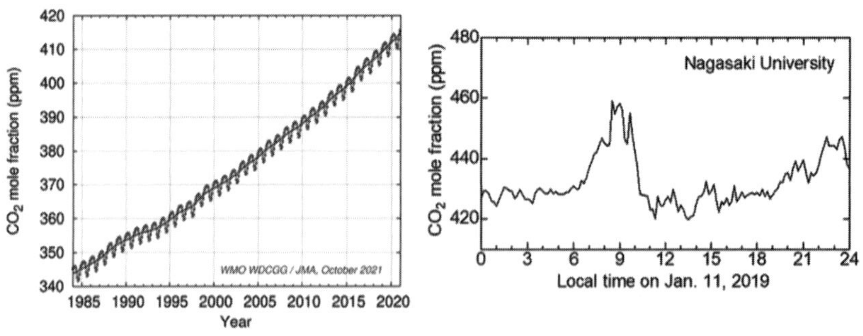

図２－７　（左）全球平均のCO_2濃度の経年変化（出典:WMO/気象庁，2021）と（右）長崎大学・文教キャンパスで測定したCO_2濃度の日内変動の例（中山智喜，田添勝則，山口真弘（unpublished））

化二窒素は，土壌中の微生物活動による放出が最大の放出源となっており，農業における窒素肥料の使用により放出量が増加しています。また，工業活動やバイオマス燃焼による放出も寄与しています。メタン，一酸化二窒素のいずれについても，大気中濃度は増加傾向が続いています（IPCC, 2021）。フロンや代替フロンは，人間活動により主に放出されており，オゾン層破壊を引き起こす塩素原子を含む化合物の放出量は減少しているものの，塩素原子を含まない代替フロンには，放出量がなお増加しているものもあります。対流圏オゾンは，大気中での化学反応により二次的に生成しますが，その濃度は増加している地域と減少している地域があります（第3章参照）。

(2) エアロゾル粒子と雲の影響

大気中に浮遊する液体や固体のエアロゾル粒子も，気候の変動に影響します。1つは直接効果（エアロゾル—放射相互作用）と呼ばれるもので，エアロゾルが太陽放射を直接的に反射・散乱することで，地球—大気系に入射する太陽放射を減少させ，地球の気温を下げる効果のことをいいます。もしエアロゾルに太陽光を吸収する性質があれば，逆に加熱されます。特に，燃焼過程により発生する黒色炭素粒子（スス粒子）は，太陽光を効率よく吸収し，大気を加熱することが知られています。

もう1つは間接効果（エアロゾル—雲相互作用）と呼ばれるものです。エアロゾル粒子は雲粒子が生成する時の種になります。その種の周りに水蒸気が凝結したものが雲粒子です。そのため，エアロゾル粒子が増えると雲粒子の数も増えます。その際，使用することができる水蒸気量が一定であれば，雲粒子の数が少なければ少ないほど雲粒子は大きくなりますが，雲粒子の数が多ければ多いほど，雲粒子は小さくなります（Twomey, 1977）。例えば，1人っ子と5人兄弟に10個のチョコレートをあげた場合，1人っ子は10個全てを1人で食べますから太ります。しかし5人兄弟は，1人当たり2個しか食べられませんので，太ることができないことと同じです。

次に，雲の太陽放射に対する反射率，雲粒子の数と雲粒径の関係について考えてみましょう。雲の反射率は何で決まるかと言うと，構成する雲粒子の断面積の総和によって決まります。直感的にもとらえやすいように，太陽光が当たる面積がトータルで大きい方が，より反射率が高くなります。ここで，雲に含まれる水分の総質量（W とします）は同じとして，雲粒子の数は少ないが雲粒径は大きい雲 A（雲粒子の総数を N_A，雲粒子の半径を r_A とします）と，逆に雲粒子の数は多いが雲粒径は小さい雲 B（雲粒子の総数を N_B，雲粒子の半径を r_B とします）の雲粒子の断面積の総和を実際に計算してみましょう。簡単のために一辺の長さが 1 cm のサイコロ状の雲を考えます。雲内の水分の総質量 W は，水の密度 ρ に雲粒子 1 粒の体積（水滴は球と考えられるので，4π/3 に半径 r の 3 乗を掛ければ良いですね）と雲粒子の総数 N を掛けて得られます（$W=4\pi r^3 \rho N/3$）。雲内の水分の総質量を0.5 g とすると，水の密度を 1 g/cm^3 と考えて，r_A が15 μm ならば N_A は約35個になります。一方，r_B が 5 μm ならば N_B は約955個になります。この場合，雲粒子の断面積の総和は雲 A では $\pi r_A^2 N_A$ から約25,000 μm^2，雲 B では $\pi r_B^2 N_B$ から75,000 μm^2 となり，雲 B の方が雲粒子の断面積の総和が大きいことから反射率がより高くなることがわかります。そうしますと，大気汚染によってエアロゾルの数が増えた場合，雲粒子数も増えて雲粒径が小さくなり，結果的に雲の反射率は高くなることが予想されます。つまり太陽放射が，宇宙空間により多く反射されて地球―大気系に入ってこないので気温は下がることになります。人工衛星データを用いた雲粒径の推定でも，発生源が少ないためエアロゾル数濃度の低い海上では大きな雲粒子が，逆にエアロゾル数濃度が高い陸上では小さな雲粒子が観測されています（Kawamoto *et al.*, 2001）。

雲粒子が多数集まって大きくなり，重力に従って落下する水滴が降水粒子です。エアロゾル数濃度が高くなると雲粒子は小さくなりますから，降水粒子の大きさまで成長する時間が長くなります。つまり降水をもたらす効率が低下して雲として存在する時間が長くなり，その間ずっと太陽光を反射し続けるので，気温を下げる効果があると考えられています（Albrecht, 1989）。ただし，このようなエアロゾルと雲，雨にまつわる諸関係はまだわからないことが多い分野の一つです（Quaas and Lohmann, 2020, Shaw *et al.*, 2020）。

第４節　気候変動のこれまで・これからとその対策

本節では本章の締めくくりとして，気候変動のこれまでの実態とこれからの予測について，日本付近の動向に注目して紹介します。引き続いて，気候変動の緩和策や適応策など私たちが取りうる具体的な対策について述べます。まずは，気候変動に関する現時点での知見の蓄積としてよく知られたIPCCについて説明しましょう。

(1) IPCCとは

IPCCという略語を皆さんも聞いたことがあるでしょう。気候変動に関する政府間パネル（IPCC: Intergovernmental Panel on Climate Change）のことです。世界気象機関（WMO）及び国連環境計画（UNEP）によって1988年に設立された政府間組織で，195の国と地域が参加しています。IPCCの目的は，各国の政府の気候変動政策に科学的な基礎を与えることです。政府の推薦などで選ばれた世界中の科学者が協力して，学術雑誌に掲載された論文などの文献に基づいて気候変動に関する最新の科学的知見の評価をまとめています。数年毎に評価報告書（assessment report）を作成し，2022年現在では，第６次評価報告書が最新となっています（IPCC, 2021）。

IPCCには，次の３つの作業部会（WG）と１つのタスクフォースが置かれています。WG 1は気候システム及び気候変動の自然科学的根拠について，WG 2は気候変動に対する社会経済及び自然システムの脆弱性，気候変動がもたらす好影響・悪影響，並びに気候変動への適応のオプションについて，WG 3は温室効果気体の排出削減など気候変動の緩和のオプションについて，またインベントリータスクフォース（TFI）は温室効果気体の国別排出目録作成手法の策定，普及および改定を扱います。

(2) これまでの気候

ここでは，文部科学省と環境省が日本付近に注目してまとめた気温と降水の現在までの変化の実態を紹介します（文部科学省・気象庁，2020）。

まず気温については，日本国内の都市化の影響が比較的小さい15地点で観

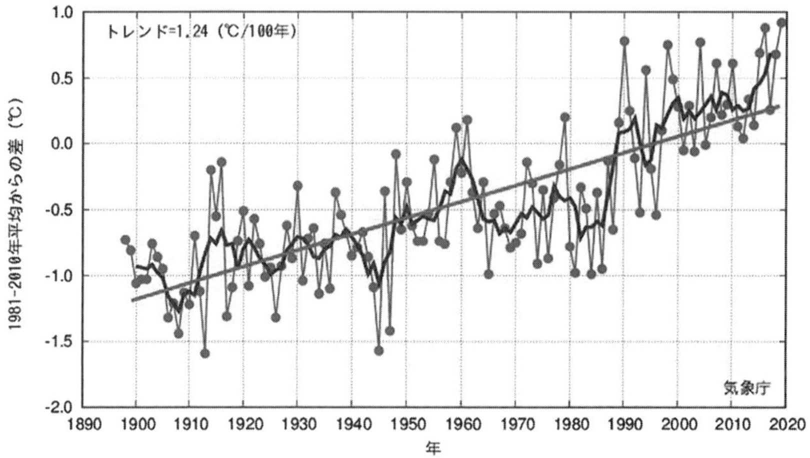

図２－８　日本の年平均気温偏差の経年変化（1898年～2019年）
（細線は国内15 観測地点における年平均気温の基準値からの偏差を平均した値，
太線は偏差の５年移動平均と長期変化傾向（直線）を示す。（文部科学省・気象庁，2020））

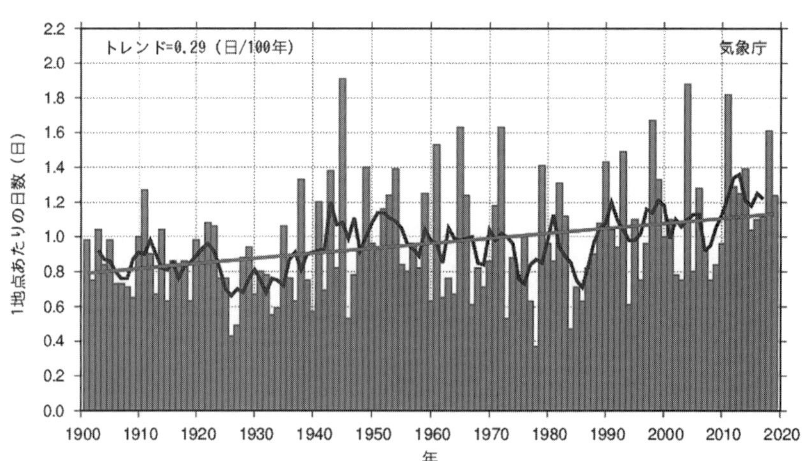

図２－９　日降水量100 mm 以上の年間日数の経年変化（1901年～2019年）
（観測データの均質性が長期間継続している全国51地点における観測に基づく。
棒グラフは各年の年間日数の合計を有効地点数の合計で割った値（１地点当たりの年間日数），
太線は５年移動平均値と長期変化傾向（直線）を示す。（文部科学省・気象庁，2020））

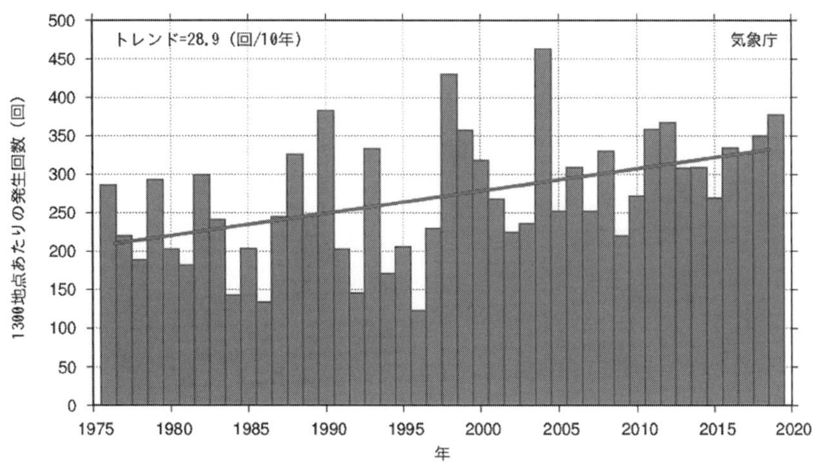

図2-10　1時間降水量50 mm 以上の年間発生回数の経年変化（1976年～2019年）
（棒グラフは各年の年間発生回数（全国のアメダスによる観測値を1,300地点当たりに換算した値），直線は長期変化傾向を示す。（文部科学省・気象庁，2020））

測された年平均気温は，1898～2019年の間に，100年当たり1.24℃の割合で上昇しています（図2-8）。また1910～2019年の間に，真夏日，猛暑日及び熱帯夜の日数は増加し，冬日の日数は減少しました。特に猛暑日の日数は，1990年代半ばを境に大きく増加しています。

次に降水については，大雨（図2-9）および短時間強雨（図2-10）の発生頻度は有意に増加していますが，雨の降る日数は有意に減少しており，雨の降り方が極端になっていることがわかります。年間または季節ごとの降水の合計量には統計的に有意な長期変化傾向は見られません。

(3) これからの気候

(2) で用いた資料に基づき，次に将来予測について紹介します。将来予測は，数値気候モデルと呼ばれるコンピューターの中に作った地球の模型に，さまざまな条件を与えてシミュレーションして行っています。CO_2の累積での総排出量と世界平均気温の上昇値は，ほぼ比例関係にあると言われています。今後の地球温暖化の進み具合とそれに伴う気候変動の状況は，人間活動による温室効果気体の将来の排出量により異なるため，気候変動の将来予測は，将来の温室効果気体排出量を仮定した複数のシナリオを用いて行われています。ここでは，2℃上昇シナリオ（おおむねパリ協定の2℃目標が達成されるシナリオ）と4℃上昇シナリオ（現時点を超える追加的な緩和策を取らず，21世紀末で世界平均気温の上昇が約4℃に達するシナリオ）を用いて行われたシミュレーションに基づき，(1)と同様に気温と降水の将来予測の結果を示します。

まず気温について，いずれのシナリオにおいても21世紀末の日本各地の平均気温は上昇し（図2−11(左)），多くの地域で猛暑日や熱帯夜の日数が増加，冬日の日数が減少すると予測されています。同じシナリオでは，緯度が高いほど，また，夏よりも冬の方が，昇温の度合いは大きいと考えられています。このメカニズムを説明する考え方として，アイス・アルベド・フィードバックがあります。高緯度地方の冬には雪や氷河などの雪氷が存在しますが，これらは白いため太陽光に対する反射率（アルベドと言います）が高いです。この時に気温が上がると，雪氷が溶けてアルベドの低い地表面が出てきます。そうなると，地表面が雪氷面に比べてより多くの太陽光を吸収することで気温は上がり，それに伴ってさらに雪氷が溶けます。この仕組みで気温上昇が増幅されていきます。

次に降水について，全国平均では，大雨や短時間強雨の発生頻度や強さは増加し，雨の降る日数は減少すると予測されています。ただ日本全国の年間

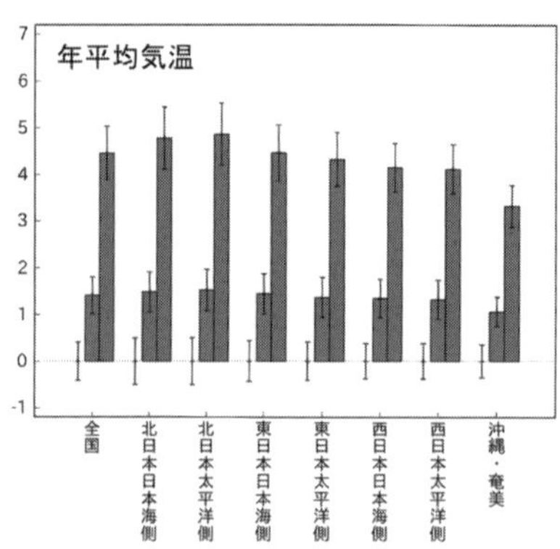

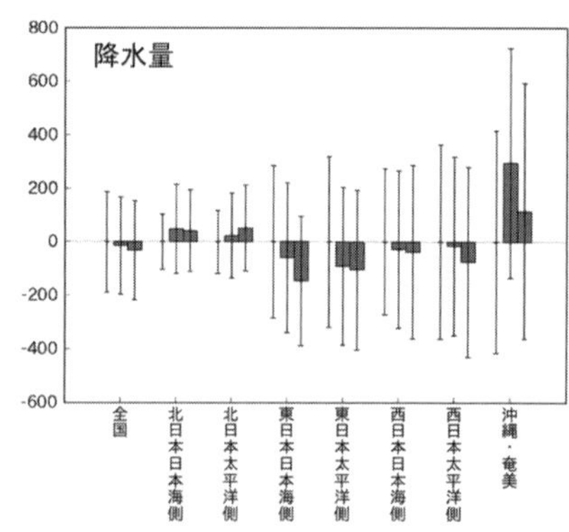

図2−11　気象庁の予測による（左）年平均気温（℃）と（右）降水量（mm）の将来変化
（20世紀末（1980年～1999年平均）を基準とした21世紀末（2076年～2095年平均）における将来変化量を棒グラフ（左側が2℃上昇シナリオ，右側が4℃上昇シナリオ），年々変動の幅を細い縦線で示す。棒グラフが無いところの細い縦線は20世紀末の年々変動の幅を表す。
（文部科学省・気象庁，2020を改変））

降水量には，統計的に有意な変化は予測されていません（図２–11（右））。なお都道府県単位の将来予測については，現時点では不確実性が高いようです。

(4) 気候変動の緩和策と適応策

気候変動を緩和するためには，温室効果気体や黒色炭素粒子などの地球温暖化物質の大気中濃度の増加を軽減する必要があります。そのためには，最大の寄与を持つCO_2の排出量削減や大気からの除去が極めて重要です。加えて，CO_2以外で温暖化に寄与するメタンや代替フロン，対流圏オゾン，黒色炭素粒子にも関心が集まっています。これらの物質は，短寿命気候強制因子（Short-Lived Climate Forcers, SLCF）と呼ばれ，これらの物質の大気中での滞在時間は，CO_2の約100年に比べて桁違いに短いことから，これらの物質の排出量（オゾンの場合は生成量）を削減できれば，より短い時間で効果を得られると期待されています。

気候変動を緩和するためには，国際組織や政府，地方自治体，企業，地域コミュニティ，個人など，様々な主体が様々な規模で関与することが重要です。温室効果気体の大気中濃度の増加を軽減する方法について，関係する主体別に見ていきましょう。

まず，化石燃料の燃焼によるCO_2の排出量削減には，エネルギー源の転換が不可欠です。国際的なレベルでは，CO_2の排出規制や排出権取引，途上国へのクリーンなエネルギー技術の移転などの対策が考えられます。国や自治体レベルでは，太陽光や風力，地熱，バイオマスによる発電や，蓄電，送電など，再生可能エネルギーに関連する技術の研究開発・実用化や，再生可能エネルギーの普及を促進するための政策が進められています。また，企業においても，エネルギー転換に必要な機器の開発や，エネルギー転換につながる社会・経済システムの構築が進められており，企業が自らの事業の使用電力を100％再生可能エネルギーで賄うことを目指す取り組みであるRE100に参加する企業も年々増加しています。家庭や個人も，再生可能エネルギー比率の高い電力会社との契約やエネルギーの自家消費，次世代型の自動車（電気自動車や燃料電池車など）の使用，温暖化対策に積極的な企業の商品の購入やサービスの利用や投資，市民運動などにより，エネルギー転換に寄与することが可能です。

温室効果気体の排出削減には，エネルギー使用の効率化も極めて有効です。国や自治体と企業が協力することで，最新の情報通信技術を用いて街全体のエネルギー効率を最適化した街づくりが進められています。また，複数の企業が連携して物流を効率化するなど，温暖化対策と企業の利益を両立する取り組みも行われています。事業所や家庭，個人のレベルでは，建物の高断熱化や省エネ家電の利用などの対策が考えられます。また，個人でも，一人当たりのエネルギー効率の高い移動手段（自転車や公共交通機関，カーシェアなど）の利用，製造・使用・廃棄の全体でのエネルギー使用が少ない製品の購入などが可能です。

加えて，CO_2の吸収源を増やすための植林，CO_2を分離・回収して地中や海底に埋める技術の開発なども行われています。さらに，CO_2以外の温室効果気体の放出量を削減するための取り組みも重要であり，農作物の品種改良や農薬使用，家畜の飼料の改良や糞尿の利用などによる農業・畜産業からのメタンや一酸化二窒素の排出削減や，古い冷蔵庫やエアコン内に残留するフロンや代替フロンの適切な回収，地球温暖化係数の小さい新たな代替化学物質の開発などの取り組みも進められています。

以上のように，温室効果気体の削減のためには，地球規模から個々人まで様々なレベルにおける取り組みを同時に進めていく必要があります。そのため，広い意味での環境学習や環境教育の充実などを通じて，個々人が正しい科学的知識を獲得して，地球市民全体が連携していくことが重要です。

一方で，気候変動による影響に対して，適応策を準備していくことも大切です。気候変動に伴う豪雨や干ばつ等の異常気象や，巨大な台風に対して，ハード・ソフトの両面で備えていく必要があります。また，気温上昇に伴う熱中症の増加や熱帯由来の感染症の流入など，健康への影響を避けるための取り組みが必要です。さらに，気候変動は，海洋環境や陸上生態系の変化を引き起こし，生物多様性に影響を及ぼすとともに，食糧生産や漁業に対しても深刻な影響を及ぼす可能性が指摘されています。高温に強い品種の開発などの対策に加えて，海洋環境や生態系の保護に取り組んでいくことが必要です。

引用文献

浅野正二：『大気放射学の基礎』，朝倉書店，2010年

小倉義光：『一般気象学（第二版補訂版）』，東京大学出版会，2016年

日本気象学会：『気象科学事典』，東京書籍，1998年

文部科学省・気象庁：『日本の気候変動 2020 ―大気と陸・海洋に関する観測・予測評価報告書―』（詳細版），2020年

Albrecht, B. A.: “Aerosols, Cloud Microphysics, and Fractional Cloudiness”, *Science*, 245, 1227-1230, 1989.

IPCC: “Climate Change 2001: The Scientific Basis, Contribution of Working Group I to the Third Assessment Report”, 2001.

IPCC: “Climate Change 2021: The Physical Science Basis, the Working Group I contribution to the Sixth Assessment Report”, 2021.

Kalnay, E. *et al*.: “The NCEP/NCAR 40-year reanalysis project”, *Bull. Amer. Meteor. Soc*., 77, 437-470, 1996.

Kawamoto, K., T. Nakajima, and T. Y. Nakajima: “A global determination of cloud microphysics with AVHRR remote sensing”, *J. Climate*, 14, 2054-2068, 2001.

Shaw R. A. *et al*.: “Cloud-Aerosol-Turbulence Interactions: Science Priorities and Concepts for a Large-Scale Laboratory Facility”, *Bull. Amer. Meteor. Soc*., 101, 7, 2020.

Quaas, J., and U. Lohmann: “Clouds and Aerosols”, In: Clouds and Climate: Climate Science's Greatest Challenge, A. Siebesma, S. Bony, C. Jakob, and B. Stevens, Eds., Cambridge University Press, 313-328, 2020.

Twomey, S.: “The influence of pollution on the shortwave albedo of clouds”, *J. Atmos. Sci*., 34, 1149-1152, 1977.

WMO・気象庁 : https://ds.data.jma.go.jp/ghg/kanshi/ghgp/co2_e.html, 2021.

Xie P., and P. A. Arkin: “Global precipitation: a 17-year monthly analysis based on gauge observations, satellite estimates, and numerical model outputs”, *Bull. Amer. Meteor. Soc*., 78, 2539-2558, 1997.

第 3 章
大気汚染のメカニズムと対策

中山智喜・河本和明

第 1 節　地球大気と大気汚染

大気の温度や気圧などの状態や構成物質の組成は，大気中での様々な物理・化学・生物過程や，陸域や海洋との物質や熱のやり取りにより，大きく変動しています。人類の活動により，大気の状態や化学組成が変化することで，気候変動や異常気象，大気汚染，酸性雨，成層圏オゾン破壊などの大気環境問題が生じています。このうち大気汚染は，人類の健康に深刻な影響を引き起こしており，早急な解決が必要な重要な問題です。

本章ではまず，地球大気の組成と，組成を決定づける基礎的な大気化学過程について説明します。次に，主な大気汚染物質の種類と，大気汚染の発生メカニズムおよび影響について解説します。その後，大気汚染物質の計測手法や計測例について紹介するとともに，大気汚染の緩和と適応に向けた方策について述べます。最後に，第 2 章と本章で扱った気候変動と大気汚染に関する課題について，地球環境問題における位置づけとともに総括します。なお，大気汚染のメカニズムや影響について，さらに詳しく学びたい方は，藤田ら（2021）による『越境大気汚染の物理と化学』，大気環境学会（2019）による『大気環境の辞典』などを参照してください。

第２節　地球大気の組成と大気化学過程

(1) 地球大気の組成

大気中には，数万種類にも及ぶとされる化学物質が存在しています。各物質の化学的な性質（蒸発しやすさ（蒸気圧）や水への溶けやすさ（溶解度）など）により，主に気体として存在するものと液体や固体として存在するものがあります。

対流圏の気体成分は，水蒸気を除いた場合の全空気分子に対する分子数の割合（体積混合比）として，窒素分子が79%，酸素分子が21% と大部分を占めており，その他の気体成分を大気微量気体と呼びます。0.93% 存在するアルゴンや，ヘリウム，ネオン，クリプトンなどの希ガスは，化学的に安定で大気中に長期間存在します。また，2020年の全球平均値で，二酸化炭素（CO_2）が413.2 ppm，メタン（CH_4）が1.89 ppm，一酸化二窒素（N_2O）が333 ppb 存在しています（WMO・JMA, 2022）。ここで，ppm および ppb はそれぞれ，100万分率および10億分率で，空気100万および10億分子中に存在する対象分子の分子数を表しています。これら３つの気体は主要な温室効果気体であり，第２章で述べたように気候変動に大きく寄与しています。一方，大気中の水蒸気の混合比は大きく変動しますが，例えば，温度25℃および相対湿度80% の環境下では2.5% 程度存在します。水蒸気は雲の生成や降水・降雪，水循環，熱収支に関与するとともに，温室効果気体としても働きます。

これらに加え，より反応性が高い多くの気体成分も存在します。大気中での寿命が数秒から数週間程度と比較的短いため，その濃度は発生源（放出もしくは大気中で生成する地点）の近傍では高く，発生源から離れるほど低くなります。また，各物質の放出・生成速度や消失速度は季節や時刻により変化するため，同一地点であっても濃度が時間とともに変動することになります。

さらに，大気中に直接放出されたり，気体成分の化学反応および凝縮過程により二次的に生成されたりした直径 1 nm から数10 µm の液体や固体の粒子が浮遊しています。これらの粒子はエアロゾル粒子と呼ばれます。対流圏におけるエアロゾル粒子の寿命は，粒子の大きさにより変化しますが，通常

１週間程度以内であり，その濃度は時間的・空間的に大きく変動します。エアロゾル粒子は，太陽光を散乱もしくは吸収したり，雲粒の生成に関与したりして，気候や気象に影響を及ぼしています。また，エアロゾル粒子がヒトの体内に取り込まれたり，陸域や海洋に沈着したりすることで，健康や生態系に影響を及ぼしています。

(2) 化学物質の放出・吸収

図３－１（口絵３）に，大気中の化学物質の放出・生成・変質・消失過程の概念を示しました。人間活動や自然活動により，様々な気体成分やエアロゾル粒子が大気中に放出されています。都市からは，自動車や発電所での化石燃料の燃焼や，製品の製造や廃棄物の処理などの様々な産業活動により，CO_2，窒素酸化物（NO_x：一酸化窒素（NO）および二酸化窒素（NO_2）），硫黄酸化物（SO_x：主に二酸化硫黄（SO_2）），アンモニア（NH_3），揮発性有機化合物（VOC）などの気体成分に加え，黒色炭素（BC）粒子，一次有機エアロゾル，金属含有粒子などが大気中に放出されています。農地や湿地，森林においては，植物の呼吸・光合成・蒸散や土壌中の微生物の活動などにより，CO_2，CH_4，N_2O，NO，NH_3，VOC などが放出される一方，様々な気体

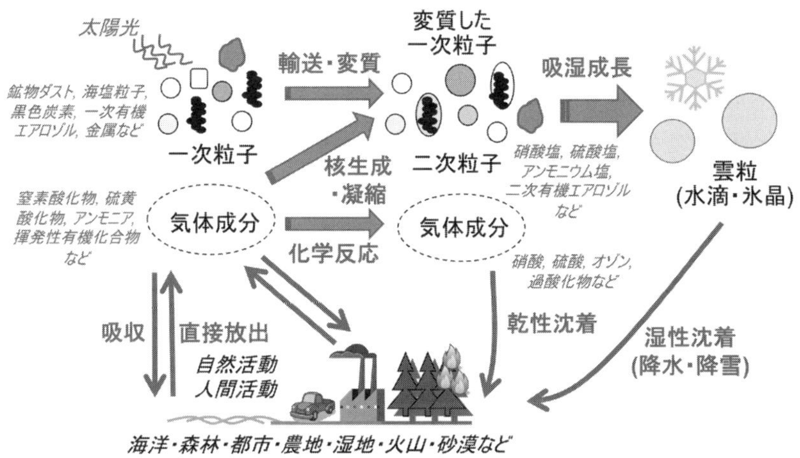

図３－１　大気中の化学物質の放出・生成・変質・消失過程
出典：中山（2019）をもとに作成

成分が吸収されています。また，植物や菌類から花粉や胞子などの生物起源粒子（バイオエアロゾル）が放出されています。海洋は，CO_2などの微量気体成分を吸収するとともに，ジメチルスルフィドといった含硫黄有機化合物などのVOCや海塩粒子などを放出しています。さらに，農地における農業残渣物燃焼や，泥炭火災や森林火災によるバイオマス燃焼により，大量のCO_2やVOC，黒色炭素粒子，一次有機エアロゾルが放出されています。加えて，火山からのSO_2や火山灰の放出や，砂漠などにおける鉱物ダストの発生も重要です。

(3) 化学物質の反応および変質

大気中に放出された気体成分は，太陽光による光分解反応や，反応性が高い化学種との衝突化学反応により，他の物質に変化します。多くの物質の昼間の酸化過程に重要な化学種としてヒドロキシル（OH）ラジカルがあります。ラジカルは不対電子を有する化学種で，通常，不安定で極めて高い反応性を持つことから様々な反応に関与します。例えば，窒素酸化物や硫黄酸化物はOHラジカルによる衝突化学反応による酸化過程を経て，硝酸や硫酸を生成します。硝酸の一部や硫酸の大部分は，新しく粒子を生成する核生成過程や，既存の粒子に取り込まれ粒子を成長させる凝縮過程により，粒子化します。NH_3が十分存在する場合には，NH_3により中和され，粒子内で硝酸アンモニウムや硫酸アンモニウムとして存在します。

また，多くのVOCもOHラジカルにより酸化されて，酸素原子を含む有機化合物に変化します。太陽光のない夜間はOHラジカルがほとんど生成しないため，硝酸（NO_3）ラジカルが，一部のVOCの酸化に寄与します。また，昼夜を通して，オゾン（O_3）と反応して酸化されるVOCもあります。さらに，エアロゾル粒子の表面での化学反応（不均一反応）や，水を含むエアロゾル中や雲粒中での液相反応も，NO_xやSO_x，VOCの重要な酸化過程となる場合があります。これらの過程で酸化されたVOCの一部は粒子化し，二次有機エアロゾルを生成します。また，NO_x存在下でのVOCの光化学反応によりO_3などの過酸化物も生成します（第3節（2）参照）。

以上のように，大気中で気体成分が化学反応過程を経て，粒子化し，生成する粒子を二次粒子と呼びます。加えて，大気中に直接放出されたエアロゾル粒子（一次粒子）も，気体成分が凝縮したり，他の粒子との衝突により凝集し，その粒子径や形状が変化したり，酸化反応などにより化学成分が変化したりして，輸送されつつ変質します。これらの一連の反応および変質過程により，大気中の気体成分およびエアロゾル粒子の濃度や特性は時々刻々と変化していきます。

(4) 化学物質の湿性および乾性沈着

エアロゾル粒子のうち，親水性成分を含む粒子など高い雲凝結核（CCN）能を有する粒子は，空気中の水蒸気を吸収して吸湿成長し，上昇気流により上空に輸送された際など，相対湿度が100% より十分高い環境下で液体の雲粒（水雲）を生成します。一方，－10℃ 程度以下の低温環境下では，鉱物ダスト粒子や有機物を含有する土壌粒子，バイオエアロゾルなど高い氷晶核（IN）能を有するエアロゾル粒子の作用により氷晶核（氷雲）が生成されます。

エアロゾル粒子や気体成分を取り込んだ雲粒・氷晶が，降水や降雪で地上や海上に落下すること（レインアウト）や，落下する最中に周囲の気体成分やエアロゾル粒子を取り込むこと（ウォッシュアウト）により，大気中の化学物質が除去される過程を湿性沈着と呼びます。一方，大気中に存在する気体成分やエアロゾル粒子が，地上や海の表面に衝突することで，除去される過程を乾性沈着と呼びます。硫酸塩や硝酸塩の除去において，湿性沈着と乾性沈着は，いずれも無視できない寄与を持ち，その割合は各地域の気象条件や発生源からの影響の程度により，変化すると考えられています（環境省，2019）。

第３節　大気汚染のメカニズムと影響

(1) 窒素酸化物・硫黄酸化物と酸性降下物

NO_x と SO_x は，代表的な大気汚染物質であり，主に気管や肺などの呼吸器に悪影響を引き起こすと考えられています。国内の環境基準値（環境基本法により規定，以下同様）は，NO_2 に対して「１時間値の１日平均値が0.04

ppm から0.06 ppm までのゾーン内又はそれ以下であること」，SO_2に対して「1時間値の1日平均値が0.04 ppm 以下であり，かつ，1時間値が0.1 ppm 以下であること」と定められています。

NO_x は，主に自動車等による化石燃料の燃焼や，バイオマス燃焼により放出されています。また，土壌中の微生物活動による放出や雷放電による生成も無視できない寄与があります。SO_x は，石炭等の硫黄分を含む化石燃料（主に固定発生源）の燃焼が全球における最大の発生源ですが，火山活動による直接放出も大きく，多くの活火山が存在する日本国内の排出量は火山起源の方が大きいと推計されています。

図3－2に，NO_x，SO_2，NH_3の排出量の推計値の経年変化を示しました。NO_x については，自動車のエンジンおよび後処理装置の技術開発や事業所排ガスの脱硝技術設備の普及など，SO_x については，低硫黄油や低硫黄炭などの燃料の利用や燃料の脱硫，事業所排ガスの脱硫装置の普及などにより，排

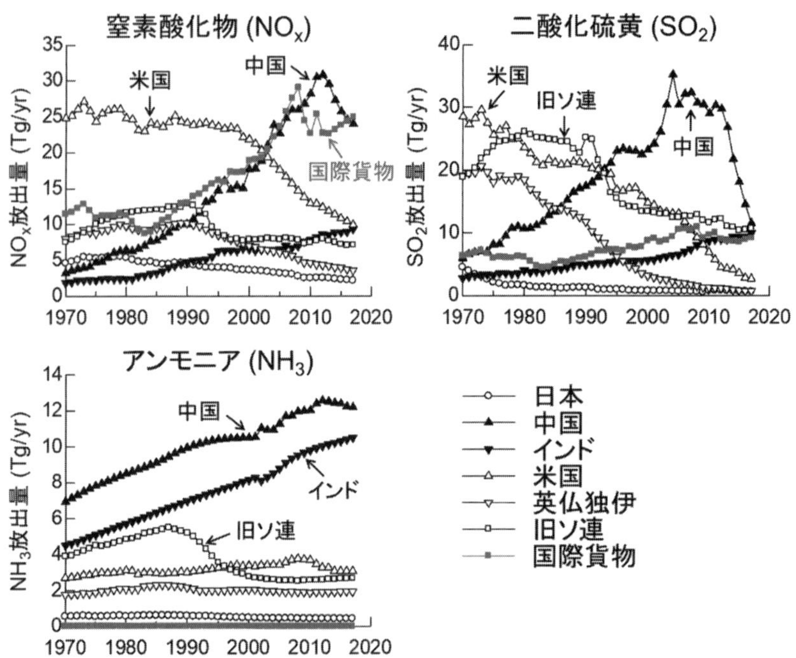

図3－2　主な国などの窒素酸化物・硫黄酸化物・アンモニアの大気への放出量の推計値
出典：McDuffie *et al.* (2020)による排出量推計値をもとに作成

出量を抑制・削減する取り組みが進められてきました。その結果，欧州や北米では，NO_x の排出量は1990年代以降概ね半減しており，SO_2の排出量は1980年代以降に８割以上減少したと推定されています。国内においても同様に，これらの人間活動由来の排出量が減少してきました（Ito *et al.,* 2020）。一方，中国においては，人口増や工業化に伴い，1970年代から2000年代にかけて両者の排出量が大きく増加してきましたが，2010年前後には頭打ちし，SO_2については，その後急激に排出量が減少していると推計されています。一方で，農業や畜産業など，非工業由来の発生量の寄与が大きなNH_3については，多くの国・地域で増加傾向が続いていると考えられています。NO_x や SO_x は，大気中で硝酸や硫酸に変化し，酸性雨や酸性霧に寄与します。NH_3が存在すれば，硫酸は中和され，硫酸塩や硝酸塩として存在することになりますが，NH_3は硫酸の中和に優先的に使われます。近年の東アジアにおけるSO_2の排出量の減少に伴い，硫酸塩粒子が減少し，硝酸塩粒子の寄与が相対的に増加してきていることが報告されています（Uno *et al.,* 2020）。

窒素元素は，重要な栄養塩であり，硝酸塩やアンモニウム塩として乾性もしくは湿性沈着により地表に沈着すると，陸域や海洋の生態系に影響を及ぼします。窒素沈着量の増加は，土壌の富栄養化を引き起こし生物多様性に影響したり，海洋における植物プランクトンの生成量を変化させたりするのに加え，地下水の窒素汚染を引き起こす可能性もあります（UNEP, 2019）。そのため，硝酸塩やアンモニウム塩の動態を解明し，その変化を追跡していくことが望まれます。

（2）光化学オキシダント

O_3やパーアセチルナイトレートなどの酸化性物質であるオキシダントは，目や鼻への刺激に加えて，気道の炎症や肺機能低下による呼吸器疾患などによりヒトの健康に影響すると考えられています。また，植物の細胞の死滅や成長阻害，農作物の収量の低下などを引き起こすことが知られています。オキシダント濃度の環境基準値は，「１時間値が0.06 ppm 以下であること」と定められています。

図３－３（上）に，2000年から2014年の夏季の地上の日中O_3濃度のトレンド（長期的な変化の傾向）を示しました。北米や欧州では矢印が右肩下がり

でO_3濃度が減少トレンドを示していますが，日本を含む東アジアでは矢印が右肩上がりで増加トレンドを示す地点も多いことがわかります。対流圏においてO_3は，NO_xとVOCの光化学反応により生成します。図3－3（下）

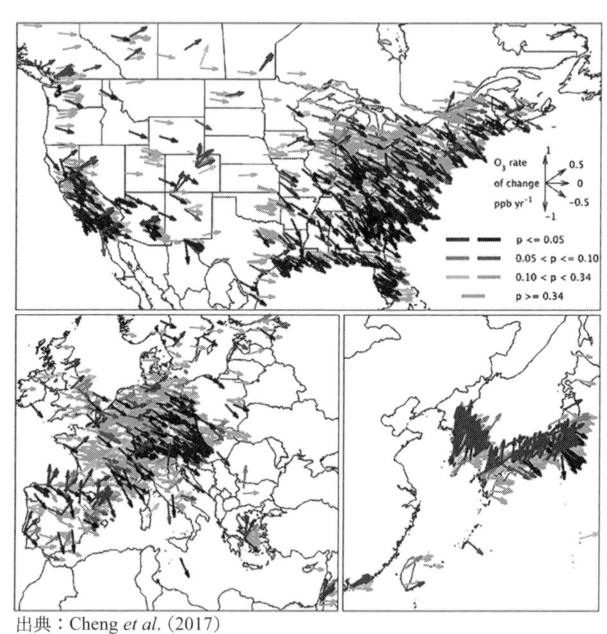

出典：Cheng *et al*. (2017)

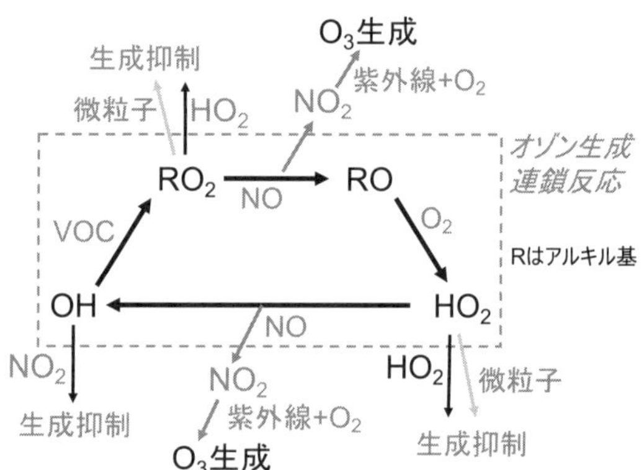

図3－3　（上）2000年～2014年の夏季の地上の日中オゾン濃度の変動トレンドと（下）対流圏におけるオゾン生成メカニズム

において，OHラジカルが関与するオゾン生成連鎖反応サイクルが一周回ると，２分子の NO が NO_2に変換されます。NO_2は太陽光により光分解され酸素原子を生成し，酸素分子との反応を経て O_3が生成されます。この連鎖反応サイクルを停止する反応にも NO_x が関与するため，NO_x 放出量が増加した際に O_3生成速度が増加するか減少するかは，NO_x と VOC の両方の濃度によって変化します。一般に，環境中の VOC 濃度に対して NO_x 濃度が十分低ければ，NO_x 放出量が増加すると O_3生成が増加します。また，NO_x 濃度に対して VOC 濃度が十分低ければ，VOC 放出量が増加すると O_3生成が増加する傾向があります。なお，前者を NO_x 制限領域，後者を VOC 制限領域と呼びます。

国内においては，近年，NO_x と VOC のいずれの放出量も大きく減少していることが知られています。しかし，オキシダント濃度はさほど減少しておらず，2020年度に環境基準をクリアした一般環境大気測定局は全体のわずか0.2% でした。その要因として，「自動車排ガスなどによる NO 放出量の減少に伴う，NO との反応による O_3の消失過程の減少」や「人為起源エアロゾル粒子の減少に伴うオゾン連鎖生成反応サイクルの停止反応の低下」などが提案されています。前者では，O_3が増加する分，O_3の前駆体である NO_2が減少するため，O_3濃度の見かけの増加を生じるだけですが，後者では，正味 O_3濃度が増加することになります。また，特に西日本では，「アジア大陸由来のオキシダントの影響」も無視できない寄与を持つことが知られています。対流圏オゾンの生成過程は複雑で未解明な点も多く残されており，さかんに研究が進められています。

(3) エアロゾル粒子

大気中には海洋や森林や火山などにおける自然界の活動や化石燃料やバイオマスの燃焼などの人間活動により直接放出されたり，放出されたガス成分から大気中での反応を経て二次的に生成されたりした様々なエアロゾル粒子が浮遊しています。これらは，喘息や慢性閉塞性肺疾患，肺がんなどの呼吸器疾患や虚血性心疾患などの循環器疾患のリスクを上昇させるなど，ヒトの健康に影響すると考えられています。特に微小粒子状物質 $PM_{2.5}$（粒径が2.5 μm の粒子を50% の割合で分離できる分粒装置を用いて，より粒径の大きい粒子を除去した後に採取される粒子）は，より大きな粒子に比べて肺の奥まで到達しやすく，その健康影響が懸念されています。$PM_{2.5}$の環境基準値は，「1年平均値が15 μg/m^3以下であり，かつ，1日平均値が35 μg/m^3以下であること」と定められています。

図3－4に，屋外における推定$PM_{2.5}$曝露濃度の例を示しました。McDuffie *et al.*（2021）によると，2017年の世界人口で重みづけした年平均曝露濃度は41.7 μg/m^3と推定されており，日本の環境基準値の15 μg/m^3や世界保健機関のガイドライン値（WHO, 2021）の5 μg/m^3を大きく上回っています。特に，アジアやアフリカの途上国においては，家庭でのバイオ燃料（木材や木炭）や石炭などの固体燃料の使用や，農業残渣物の燃焼，森林・泥炭火災，自動車・バイクの使用や発電，工業活動における化石燃料燃焼などに伴い大量の$PM_{2.5}$やその前駆気体（$PM_{2.5}$を二次生成する気体成分）が放出され，屋外における$PM_{2.5}$曝露濃度の上昇を引き起こしていると考えられています。また，途上国を中心に，調理や暖房のためにバイオ燃料や石炭，灯油が今なお屋内で多く使用されていることから，屋内における大気汚染も健康に大きく影響していると考えられています。WHO（2021）によれば，2016年の屋外および屋内の大気汚染による年間の早期死亡者数は合計700万人に及ぶとされています。

エアロゾル粒子には，多種多様なものが存在し，その発生源や大気中での変質過程により，その大きさ（粒子径）や形状，化学組成，毒性，粘性，水

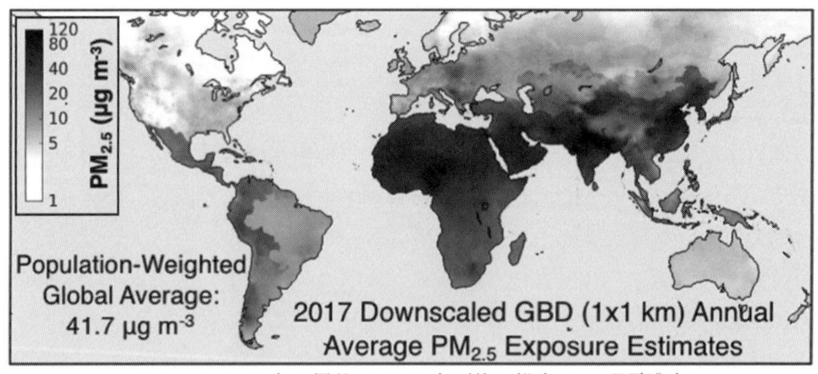

図3－4　2017年の屋外における年平均の推定$PM_{2.5}$曝露濃度
出典：McDuffie *et al.*（2021）を改変

溶性などの物理・化学的な性質が異なります。エアロゾル粒子の物理・化学的特性により，ヒトの体内での移動や沈着，溶解，反応などの振る舞いが大きく異なり，健康影響の大きさやメカニズムも変化すると考えられます。そのため，エアロゾル粒子の大気中での動態（生成・輸送・変質・消失）や疫学調査に加えて，健康影響に関連する様々な特性に関する研究が進められています（Shiraiwa *et al.,* 2017）。

第4節　大気汚染物質の計測と緩和・適応

(1) 大型の測定器によるモニタリング

大気汚染物質の観測には，地上でのその場観測や，気球，ドローン，航空機などの飛翔体を用いた上空大気の観測，地上や人工衛星からのリモートセンシング観測などがあります。地上でのその場観測では，多くの観測項目を比較的高精度に測定できる利点がある一方で，観測地点数の制約から面的な情報が限られるとともに，上空の情報は通常得られません。飛翔体を用いた観測は，上空の情報が得られる一方で，多くの場合に観測項目や観測頻度に制約があります。地上からのリモートセンシング観測も，上空の情報が得られる一方で，現状では，観測項目や観測地点数が限られます。人工衛星に搭載した計測器により，大気微量気体やエアロゾル粒子による様々な波長における光吸収量や光散乱量などを測定することで，大気汚染物質の広範囲の分布状況を把握することができます。一方，人工衛星による観測では，衛星の軌道や雲の影響などにより，同一地点の観測頻度が限られたり，地上近くの濃度情報を導出することが容易でなかったりするなどの課題もあります。以上のように，それぞれの方法にメリットとデメリットがあることから，目的に応じて，手法を選択したり，複数の手法を組み合わせたりすることが重要です。

国内においては，環境省および地方自治体により，主要な大気汚染物質の地上モニタリングが行われています。2020年度末時点で，一般環境大気測定局が1,434局，自動車排出ガス測定局が393局あり，1時間毎のデータが環境省のウェブサイト（https://soramame.env.go.jp/）で公開されています。また，東アジアや東南アジアの13か国の国際協力による大気汚染物質や酸性降下物の観測ネットワークとして，東アジア酸性雨モニタリングネットワーク（EANET）があり，新潟市にあるアジア大気汚染研究センター（ACAP）（https://www.acap.asia/）がネットワークセンターとなっています。

大気汚染物質の発生源には，様々なものがありますが，国内の発生源に加えて，特に冬季から春季には，西日本を中心にアジア大陸からの越境輸送が寄与することもあります。図３－５に，日本の西端に位置し，越境大気汚染空気塊が飛来しやすい長崎市内における，化石燃料やバイオマスの燃焼により主に発生する大気汚染物質であるBC粒子と一酸化炭素（CO）ガスおよび，$PM_{2.5}$と浮遊粒子状物質（SPM：$PM_{2.5}$より大きな粒子を含み概ねPM_7に相当）の濃度変化の例を示しました。直径2.5 μm以上の粒子の割合が増加しSPMと$PM_{2.5}$の濃度差が大きくなった３月30日午後に，アジア大陸の内陸部で発生した黄砂粒子が多く飛来したと考えられます。また，それに先立って，３月28日から大陸沿岸部から放出されたと考えられる大気汚染物質のBCやCOの濃度が高くなっていました。このように，発生量・地域や空気塊の輸送パターンの違いにより，大気汚染物質のみが越境輸送されることもあれば，

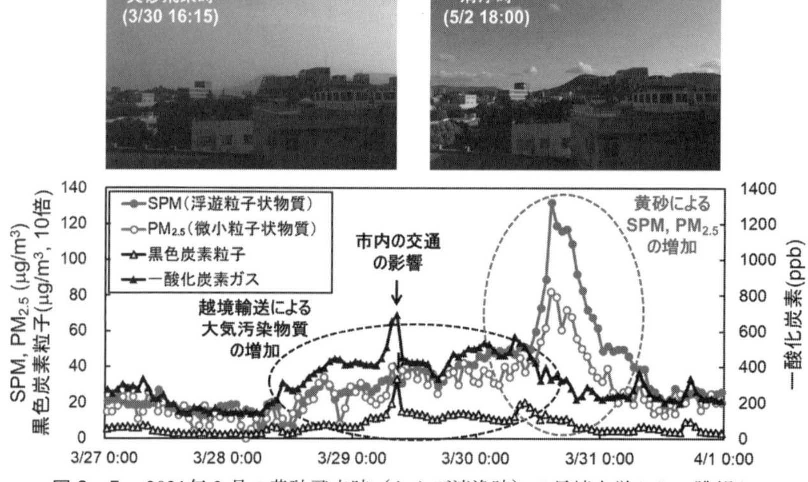

図３－５　2021年３月の黄砂飛来時（および清浄時）の長崎大学からの眺望と長崎大学で著者らが測定したBCとCOおよび近郊の一般大気測定局（稲佐小学校）におけるSPMと$PM_{2.5}$の濃度変動

黄砂粒子と同時もしくは前後して大気汚染物質が飛来することもあります。さらに，３月29日の９:00頃（図３－５の矢印）には，通勤ラッシュ時に長崎市内の自動車排ガスから放出されたと考えられる短時間のBCやCOの濃度上昇がみられ，市内の発生源の寄与も存在することがわかります。

大気汚染の状況を把握し，対策を進めるためには，重要な大気汚染物質の濃度を詳細に観測し，その発生源の変化を解析する必要があります。環境省により，硫酸塩や硝酸塩，有機物，BCなどの$PM_{2.5}$の主要化学成分の連続測定が2017年度から全国10か所で実施されており，データの活用が期待されています。しかしながら，エアロゾル粒子の化学成分や健康影響に関連する特性の観測例は極めて限られており，気体成分についても，行政による大気測定局では，COやVOCなど高精度な測定が実現していない物質や，NH_3など重要にもかかわらず測定がなされていない物質もあります。今後，測定技術の高度化や産官学の連携，行政施策の充実により，より詳細な大気汚染モニタリングを実現していくことが期待されます。

(2) 小型計測器による大気環境や個人曝露量の詳細な把握

近年，大気微量成分やエアロゾル粒子を計測可能な小型センサの開発が進められており，多地点での綿密な観測によるローカルな発生源の検出や屋内の大気環境モニタリング，電力供給などのインフラや治安の面などから大型装置での観測が困難であった途上国における観測などへの応用が期待されています。また，持ち運びながらモバイル計測を行うことで，個人個人の大気汚染物質への曝露量を得ることも可能であり，公衆衛生や疫学分野での応用も進められつつあります（松見・中山，2019）。

小型計測器の活用例として，図３－６に，著者らが小型$PM_{2.5}$センサを搭載したモバイル計測器を用いて長崎大学周辺およびインド北部パンジャブ州で行った計測結果を示しました（中山・松見，2022）。地方都市の市街地に位置する長崎大学周辺での観測例では，トンネル内で$PM_{2.5}$の濃度が高くなっており，自動車排ガス由来の$PM_{2.5}$がトンネル内で滞留していたことがわかります。また，トンネル以外の場所についてもローカルな発生源や希釈・拡散過程の違いにより，濃度差が生じている様子が見て取れます。一方，パンジャブ州で計測を行った期間は，同州などインド北部で稲を収穫して小麦な

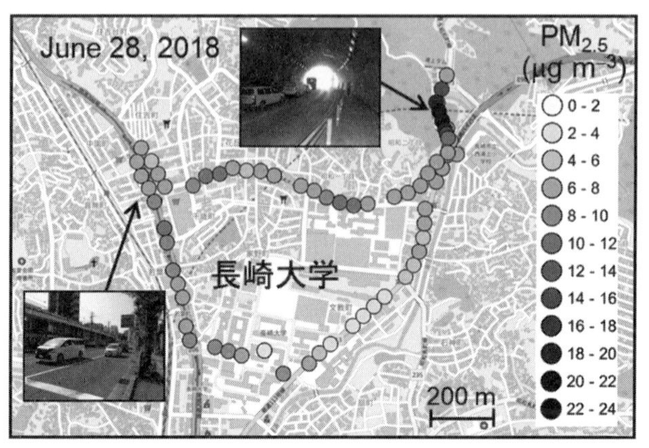

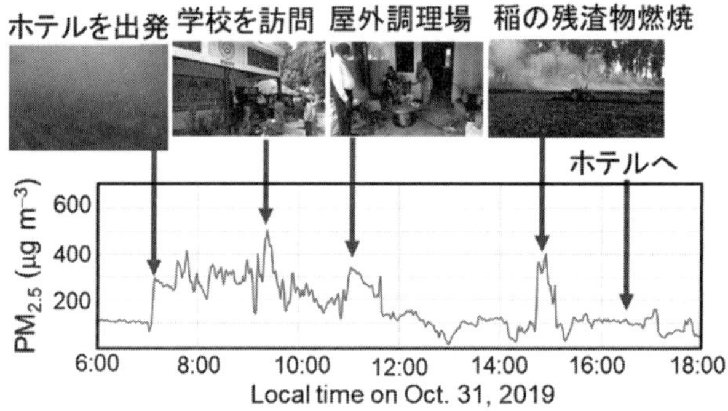

図3－6　モバイル計測器による（上）長崎大学・文教キャンパス周辺（出典：中山・松見（2022））および（下）インド北部パンジャブ州での $PM_{2.5}$ の測定例
（謝辞：総合地球環境学研究所 Aakash プロジェクト，出典：中山・松見（2022））

どを作付けする時期にあたり，稲の残渣物の一部が燃やされ，深刻な大気汚染が発生します。この例では，午前中に300 μg/m^{3}程度の高濃度の $PM_{2.5}$ が観測されました。その後，日射により空気の鉛直対流が活発になったことで濃度は時間とともに徐々に減少しましたが，学校の調理場や残渣物の燃焼現場の近傍では，濃度が上昇する様子も見られ，調理員や農業従事者が特に高濃度の $PM_{2.5}$ に曝露されていることが示唆されました。このように，モバイル計測により，面的な大気汚染情報の取得やローカルな発生源の検出，個人曝露量の推定が可能であることがわかります。

小型計測器には，多くの種類が存在し，その性能も様々であることから，使用目的に応じて，精度や確度を十分評価したうえで使用することが大切です。小型計測器を適切に利用することで，大型機器を用いた観測では困難であった身近な屋内外の大気環境の情報が得られ，個々人が対策をとることも可能となると期待されます。また，大量に得られるデータを大気汚染の予測に活用できたり，得られたデータをコミュニティで共有することで市民科学の醸成やより健康的な街づくりにつながったりする可能性もあります。さらに，屋内外の大気汚染が深刻な途上国で大気汚染の実態の解明のために活用することで，住民の環境意識の醸成や行動変容，大気汚染改善のための政策実現につながると期待されます。

(3) 大気汚染の緩和と適応に向けて

大気汚染は，越境大気汚染のように国をまたぐ国際的な問題でもある一方，ごみや農業残渣物の燃焼や屋内での調理や暖房，喫煙など，町や集落，個人の生活環境内で生じる問題でもあります。身近な屋内外の大気汚染物質の発生源の削減や，換気や空気清浄機・マスクの使用による曝露量の低減など，個々人の取り組みにより，健康リスクを減らすことが可能です。小型の大気計測器の開発や普及も進みつつあることから，今後これらを活用することで，個人が自身の状況に応じた行動や対策をとることができるようになると期待されます。

一方，国や地域など，より広域の大気汚染の低減については，大気汚染物質の排出の少ないクリーンなエネルギー源や交通手段を利用したり，大気汚染対策に取り組んでいる企業の製品を購入したりすることで貢献することが可能です。特に途上国においては，大気汚染の問題が，貧困や食料，農業，水利用，エネルギー，社会・経済システムなど，様々な問題と密接に関連しています。私たちの生活は，途上国で生産されたモノやサービスの上に成り立っており，私たちの生活における選択が，途上国での大気汚染の低減につながります。広域の大気汚染については，国や自治体，報道でリアルタイムに公表されている $PM_{2.5}$ やオキシダント等の計測データを確認することで，屋外での活動を避けるなどの対策をとることが可能です。この際，大気汚染物質は，人間活動に加えて，火山などの自然活動によっても放出されることにも注意が必要です。

第5節　大気環境問題の解決に向けて

第2章で扱った「気候変動」や，本章で扱った大気汚染に深く関連する「大気エアロゾルの負荷」は，第1章で扱った人類が生存できる限界（プラネタリーバウンダリー）として考慮するべき9つの要素に含まれるように，私たちが最優先で解決に向けて取り組んでいく必要がある課題です。気候変動による気温の上昇がオキシダントやエアロゾル粒子の生成に影響を及ぼしたり，大気汚染物質であるO_3やBC粒子が温暖化に寄与したりするなど，気候変動と大気汚染の問題は密接に関連しています。人間活動による様々な物質の放出量や土地利用の変化，これらに伴う海洋や陸域生態系の変化が，地球大気に及ぼす影響を理解し，大気汚染の改善と気候変動の抑制を同時に実現していく方策を進めていくことが望まれます。

また，気候変動や大気汚染は，プラネタリーバウンダリーの他の7つの要素（「海洋酸性化」，「成層圏オゾンの破壊」，「生物地球化学的循環（窒素とリンの循環）」，「淡水利用」，「土地利用変化」，「生物多様性の損失」，「化学物質による汚染」）とも密接に関連します。例えば，気候変動や大気汚染による大気・陸域・海洋の循環や物質収支の変化は，「生物地球化学的循環」や水循環を変化させ，「化学物質による汚染」や「生物多様性の損失」，「淡水利用」の悪化につながる可能性があります。そのため，地球全体の未来を考えていくことが重要であり，地球科学の様々な研究分野に加えて，社会科学分野を含む多くの関連研究者や市民，行政が連携して取り組んでいく必要があります。現在，「フューチャー・アース」（https://futureearth.org/）プラットフォームなどにおいて様々な取り組みが進められています。

気候変動や大気汚染の問題は，グローバルな問題であるとともに，私たちの生活に影響する身近な問題でもあります。個々人や各企業，各国の活動の積み重ねが，様々な時間・空間スケールにおける大気環境問題につながっていることを理解して，緩和や適応に関する活動に取り組んでいくことが重要です。

引用文献

環境省：『越境大気汚染・酸性雨長期モニタリング報告書（平成25～29年度）』，2019年

大気環境学会：『大気環境の辞典』，朝倉書店，2019年

中山智喜：「大気エアロゾル粒子の光学特性の計測」，『地球環境』，24，63，2019年

中山智喜・松見豊：「大気汚染―小型センサーの基礎と応用―」，『ぶんせき』，575，492，2022年

藤田慎一ほか：『越境大気汚染の物理と化学』（2訂版），成山堂書店，2021年

松見豊・中山智喜：「小型環境計測器が開く新しい大気環境科学」，『地球環境』，24，93，2019年

Chang, K. -L. *et al.*: “Regional trend analysis of surface ozone observations from monitoring networks in eastern North America, Europe and East Asia”, *Elementa: Science of the Anthropocene*, 5, 50, 2017.

Ito, A. *et al.*: “30 Years of Air Quality Trends in Japan”, *Atmosphere*, 12, 1072, 2021.

McDuffie, E. E. *et al.*: “A global anthropogenic emission inventory of atmospheric pollutants from sector- and fuel-specific sources（1970–2017）: an application of the Community Emissions Data System（CEDS）”, *Earth System Science Data*, 12, 3413, 2020.

McDuffie, E. E. *et al.*: “Source sector and fuel contributions to ambient $PM_{2.5}$ and attributable mortality across multiple spatial scales”, *Nature Communication*, 12, 3594, 2021.

Shiraiwa, M. *et al.*: “Aerosol health effects from molecular to global scales”, *Environmental Science & Technology*, 51, 13545, 2017.

UNEP: *Frontiers 2018/2019 Emerging Issues of Environmental Concern*, Nairobi: United Nations Environment Programme, 2019.

Uno, I. *et al.*: “Paradigm shift in aerosol chemical composition over regions downwind of China”, *Scientific Reports*, 10, 6450, 2020.

WHO: *Global air quality guidelines. Particulate matter（$PM_{2.5}$ and PM_{10}）, ozone, nitrogen dioxide, sulfur dioxide and carbon monoxide*, Geneva: World Health Organization, 2021.

WMO and JMA: *WMO WDCGG data summary, WDCSS No. 46*, Tokyo: World Meteorological Organization and Japan Meteorological Agency, https://gaw.kishou.go.jp/publications/summary, 2022.

第4章
地下水汚染対策とその回復の特徴

利部 慎

第1節　水循環における地下水の役割

水は地球上のあらゆる生命に欠かすことのできない物質です。地球上に存在する水の総量は約13.86億 km^3 といわれており，水の種類として大きく“海水”と“淡水”とに分けられます。われわれ人類が利用する淡水には，大気中の水蒸気，氷や雪，河川水や湖沼水，土壌水や地下水など，様々な形が存在していますが，地球上の水の総量に占める淡水の割合は約2.5% にすぎません（図4－1）。その中の約7割は氷河などの氷で，残りのうち河川水や湖沼水の量は極めて少ないため，人類が利用できる淡水の99% が地下水ということになります（Shiklomanov and Rodda, 2003）。

地表水は我々にとって身近に目にする水資源です。地表水は存在量としては少ないものの，わが国では8割以上を水資源としての地表水に依存しており，恒常的な利用が可能となるのは常に循環しているためです。しかし，昨今の地球温暖化に伴う降水量の大きな変化により，河川水などの地表水は著しく水量が増加し氾濫が発生することもあります。一方で地下水は，帯水層（地下水で飽和した透水性の良い地層）の緩衝材的な効果のため，激しい降水量変化の影響がかき消され量的に安定した水資源となります。また，地下の地層中をゆっくりと移動してきた地下水は，自然の濾過や浄化作用を受けているため，一般的に河川水や湖沼水に比べてその質は非常に良好です。こうした質や量の安定性という特徴を有した地下水は，生活用水（飲料用，調理用，浴用等），工業用水（飲食品製造業，原料用，洗浄用，冷却用等），農業用水（農作物栽培用，温湿調整用等），養魚用水，さらには都市蓄熱（ヒートポンプ，ヒートパイプ等）や，湧水公園等の環境用水といった多様な用途

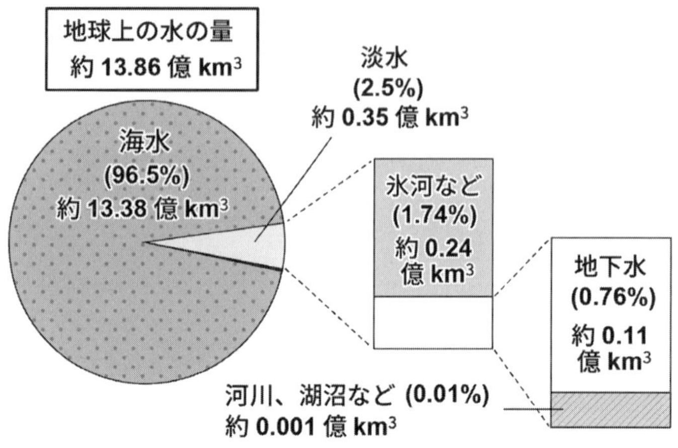

図４－１　地球上の水の量の割合
（Shiklomanov and Rodda（2003）を基に作成）

に利用されています。本章ではまず，水資源としての地下水に関する汚染の種類や実態を紹介します。次に島原湧水群を事例として，湧水水質の地域性や過去から近年にかけての長期的な水質変遷の実例を紹介するとともに，一部湧水で生じていた地下水汚染に改善が見られている観測結果を通じて，地下水からみるレジリエントな社会環境に向けたアプローチの一例を紹介します。

第２節　地下水汚染の実態

（1）地下水汚染の種類

地下水汚染を引き起こす物質には，重金属類，揮発性有機化合物，農薬類，病原性微生物類，放射性物質など，様々なものが挙げられます。わが国では，地下水汚染に対する対策が必要な項目として，「地下水の水質汚濁に係る環境基準」で28の基準項目が示されています（2022年１月現在）。地下水汚染は，有害物質または有害物質を含む水や溶液が帯水層に達することで発生しますが，そのメカニズムには，人為的要因と自然的要因が考えられています。

人為的要因としては，工場などにおける施設の破損や不適切な取り扱いによって地上や地下で漏洩することや，大気中に放出された有害物質が降水に捕捉され地下に浸透することで発生する場合が挙げられます。他にも，農業生産のための農薬や肥料の過剰な使用，生活排水の地下浸透，家畜排泄物の不適切処理などがあります。

一方で自然的要因としては，岩石や土壌にもともと微量元素として含まれている重金属類が，降雨により浸透してきた水に溶出して帯水層まで浸入する現象が考えられます。こうした地下水汚染事例として有名なものは，バングラデシュにおけるヒ素汚染が挙げられます。

地下水は様々な用途に使われているうえ，水循環を構成している重要な要素であることから，地下水が汚染されると，湧水，河川，湖沼あるいは海へ流れ，大きな影響を及ぼす可能性があります。

(2) 身近な地下水汚染である硝酸性窒素

わが国の地下水水質については，水質汚濁防止法第15条第１項及び第２項に基づき，都道府県知事が水質の汚濁の状況を常時監視し，その結果を環境大臣に報告することとされています。それを環境省の水・大気環境局が取りまとめていますが，上述した28項目の中で最も環境基準値を超過している項目は硝酸性窒素および亜硝酸性窒素です（2019年度で約3.0%)。硝酸性窒素は，胃酸の弱い乳幼児の胃などではその一部が還元されて亜硝酸性窒素となります。この亜硝酸性窒素が赤血球のヘモグロビンを酸化し，メトヘモグロビンに変化します。このメトヘモグロビンは酸素と結合できず血液中の酸素が欠乏し，チアノーゼ，メトヘモグロビン血症を発症します。海外では死亡事例などが報告されていますが，日本では１例の発症事例が報告されるに留まっております（田中，1996)。

農業で利用されている肥料中の窒素は，一般に硫酸アンモニウム（$(NH_4)_2$-SO_4，硫安とも呼ばれる）に代表されるアンモニウムイオンの形態ですが，農地土壌に散布されたのちに微生物の硝化作用によって亜硝酸イオンから硝酸イオンへと変化します。硝酸イオンは水に溶けやすく，作物の根などから吸収されますが，吸収されなかった余剰分は浸透水とともに地下水まで輸送されます。したがって，窒素の散布量が作物の吸収量より過剰になると地下水の硝酸性窒素汚染が発生します。こうした地下水汚染は，集約的な農畜産業が展開されている地域において数多く発生しており，法制度の整備，施肥量の適正化，家畜排泄物の適正処理といった多角的な対策が講じられてきました（田瀬・李，2011）。長崎県では島原半島がこうした地域に該当し，島原半島を構成する3市の中でも，島原市における地下水汚染が指摘されています（Nakagawa *et al.*, 2021など）。

島原市は県内有数の農業地域として知られ，農業産出額のうち，野菜（47.5%），鶏（20.7%），豚（10.4%）が80%近くを占める点から，主要な品目は畑作と畜産といえます（いずれも2019年）。その一方で，本地域は全国的にも地下水の硝酸性窒素汚染が進行している地域としても指摘されており（田瀬・李，2011），実際に島原半島内で定期モニタリングされている地下水調査地点の硝酸性窒素の平均濃度は，依然として環境基準値を超過しています（島原半島窒素負荷低減対策会議，2021）。

(3) 硝酸性窒素汚染の実態と対策

上述したように，地下水の硝酸性窒素汚染は全国的に広がっている問題であり，汚染源は多岐にわたるうえ，汚染自体は面的な広がりを持ち広範囲に及ぶことが多いため，地域の実情に合わせて関係者が協力した対策や計画が必要と考えられています。わが国では各地で精力的な地下水汚染対策が実施されており，硝酸性窒素汚染を低減させることに成功している自治体もみられます。

例えば岐阜県各務原市では，日本有数のニンジンの産地であったものの，1970年代半ばに広範囲で環境基準値の3倍を超える地下水中の硝酸性窒素濃度が確認されました。それを受け，施肥技術の改善および減肥対策が取られ，1990年代半ばには汚染が軽減する傾向が認められるようになりました（寺尾，2003）。

また，熊本市と近隣市町村を含む熊本地域では，約100万人の人口の水道水源をほぼ100%地下水で賄う一方で，古くから農業や畜産が盛んであり，1970年代頃から地下水の硝酸性窒素濃度が上昇する傾向が確認されていました（細野ほか，2015）。その対策として減肥や家畜排泄物の適正管理・利用，および生活排水処理施設の整備などが進められ，結果として第一帯水層（浅層地下水）において汚染の減衰傾向が確認されました。

島原半島においても，2006（平成18）年に第1期島原半島窒素負荷低減計画を策定し，5年ごとに計画内容の見直しを図りながら，各種施策を進めています。

(4) 地下水汚染対策の難しさ

地下水の硝酸性窒素汚染が確認された際に何らかの汚染対策を講じたとしても，既に地下に入り込み負荷された窒素成分はゆっくりと流動し地下水に到達するため，対策効果（地下水の硝酸性窒素濃度の低減）が顕在化するまでには相応のタイムラグがあります。これは，前項で紹介した熊本地域の事例でも推察されており，第一帯水層（浅層地下水）では汚染の減衰傾向が認められたものの，第二帯水層（深層地下水）では依然として減衰傾向がみられないことから分かります。つまり，帯水層中に蓄積した窒素成分はタイムラグを伴って，より深い場所で硝酸性窒素汚染として顕在化することから，1970年代頃から硝酸性窒素濃度の増加が「顕在化してきた」ということは，それより以前に（もしかするとずっと昔に）地表において既に負荷が起こっていたことを暗示しています。

こうした実態を踏まえると，減肥や窒素負荷といった地表面活動に対する汚染対策をすぐに講じたとしても，効果が顕在化するまでにタイムラグが生じてしまうことが地下水汚染対策の難しさです。効果が顕在化するまでの時間スケールが不明確であるため，関係者が根気強く協力し対策や計画を進めることが必要ですが，こうした地下水ならではの特性が汚染対策を難しくさせています。そのため，効果的な地下水汚染対策を立案するためには，地下水の滞留時間を踏まえた流動メカニズムの推定と，地道な観測による蓄積データとを照らし合わす研究が必要と言えます。

こうした長期的な観測に基づき，地下水汚染からの回復を蓄積データから見出した研究フィールドとして，長崎県の島原湧水群が挙げられます。次節では，島原湧水群における地下水汚染の実態と，自然災害を契機にした汚染からの回復過程を紹介します。

第3節　島原湧水群における地下水汚染からの回復

(1) 噴火前の貴重な先行研究

長崎県内で名水百選に選定された湧水は，いずれも昭和の名水百選の「轟渓流」と「島原湧水群」で，平成の名水百選では選定数がゼロでした。この選定数から推察されるように，長崎県内の著名な湧水・名水はあまり知られていないのが実情です。

1991年6月に雲仙普賢岳の噴火に伴う大火砕流で多くの犠牲者を出す自然災害に見舞われた島原湧水群ですが，市内に60以上の湧水が存在し古くから水の都と言われています。そして，豊かな湧水を後世に残すとともに観光にも活かそうという趣旨のもと，錦鯉を放流したことで「鯉の泳ぐまち」としても知られるようになりました。また，この島原湧水群について，湧水の分布状況や水質特性，噴火前後の湧出量変化などを調査した1980年代から2000年にかけての複数の先行研究がみられ，2017年からも継続的な調査・観測が行われています。特に島野（1999）では，噴火前後の1987～1995年にわたる広範囲の湧水水質データが示されており，これは貴重な資料といえます。こうした先行研究で報告された水質データと，近年のものとを丁寧に整理・考察することで，長期的な水質変化を読み取ることができます。

雲仙普賢岳の大火砕流から既に30年以上が経過したことから，大きな自然災害を契機として土地利用形態の変化とそれに伴う水質変化などが起こった可能性があります。次節では噴火が発生した1991年前後と近年の水質データの比較・検討を行い，自然災害に伴う水質変遷を考察することとします。

(2) 硝酸性窒素汚染の視覚化

地下水の水質は，通常は降水が供給源となっており，その後の流動過程で付加されて変化する主要溶存イオンで構成されています。この主要溶存イオンの多少によって，地下水の水質特性を捉えることができます。主要溶存イオンは8項目の陽イオンと陰イオンからなり，ナトリウム（Na^{+}），カリウム（K^{+}），カルシウム（Ca^{2+}），マグネシウム（Mg^{2+}）の陽イオン4項目と，重炭酸（HCO_3^{-}），塩素（Cl^{-}），硫酸（SO_4^{2-}），硝酸（NO_3^{-}）の陰イオン4項目です。

分析された水試料の水質特性は，水質成分項目の濃度の多少や比較による特徴から把握されます。また，多地点の分析結果の数値を互いに比較するのは困難な場合があるため，直感的に水質特性を把握するために図形化して示される場合があります。その図の1つがスティフダイアグラムです。

スティフダイアグラムは，図4－2に示したように中央の軸を0として，左側に上から順に陽イオンのNa+K，Ca，Mgイオンの3成分の各当量濃度を，右側に同じく陰イオンのCl，HCO_3，SO_4+NO_3イオンの3成分の各当量濃度を，中央軸からの長さで対応するように示したものです。それぞれの成分量の値を結んだ六角形の図形の大きさ（面積）は，おおよその溶存量の多少を表しています。そして，この六角形の形状は，循環性の早い地下水／遅い地下水，火山性の影響，海水の影響等の地下水の状態を反映していることから（図4－2），複数地点のスティフダイアグラムの大きさや形状を直感的に比較検討することで，地域の水質特性を把握することができます。ここで，硝酸性窒素汚染を反映したNO_3イオンについては，スティフダイアグラムの右

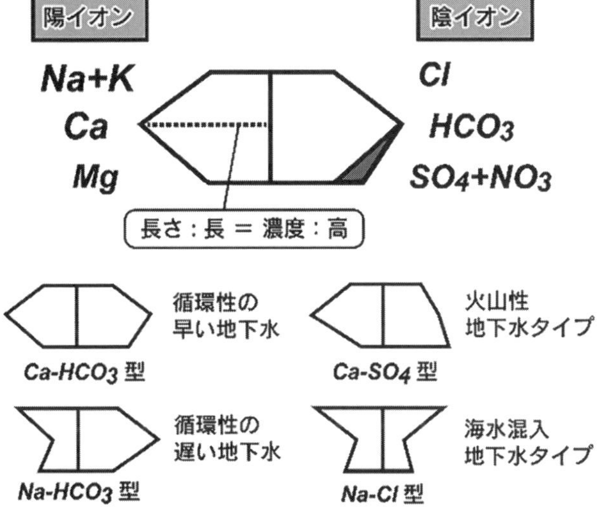

図4－2　スティフダイアグラムとタイプ別の水質特性

下で黒く塗りつぶされた領域により示されるため，この領域が大きいほど，硝酸性窒素汚染が進行していることを示唆しています。

(3) 噴火前後の島原湧水群の水質変化

雲仙普賢岳噴火前後における水質データと，2017年以降の水質データを比較することで，長期的な水質変化を捉えました（利部，2019)。島原地域における噴火前後の土地利用形態の変化を考察するために，国土数値情報を基に地理情報システム（ArcGIS）を用いて1987年（噴火前）と2006年の土地利用図を作成し，両時点における全14地点の湧水の主要溶存イオン分析結果を基にスティフダイアグラムを作成し地点上にプロットしました（図4－3)。

島原湧水群においては，主にCaイオンとHCO_3イオンが卓越したCa-HCO_3型を示します。このCa-HCO_3型は循環性の早い地下水タイプです（藪崎・島野，2009)。つまり，島原地域においては地下水の流動速度が速く活発な水循環が形成されていることを示しています。ただし，スティフダイアグラムの形状や面積を詳しく比較すると，地域によって若干の違いが認められます。例えば標高の高い地域に湧出する湧水のスティフダイアグラムはより小さい面積であることから，相対的に溶存成分量が少ないといえます。これは，湧出までの時間が短いことから，帯水層中でミネラル分を十分に受け取ることのないまま地下水が湧き出しているためであり，湧出する水の流域（集水域）が小さいことを反映しています。一方で東側の低標高域における湧水のスティフダイアグラムは，より大きな面積です。これは広大な集水域と長い滞留時間により，帯水層中で十分にミネラル分を含んだ地下水が湧出しているためと言えます。しかし，低標高域の湧水の一部では，スティフダイアグラムの右下の黒く塗りつぶされた領域（NO_3イオンに相当）がより顕著に示されており，硝酸性窒素汚染が進行していることを示唆しています。低標高の湧水は，その湧出地点よりも高いエリアの影響を受けることから，大きな集水域を有する一方で，窒素負荷の影響をより受けやすくなる湧水でもあります。

また，図4－3（口絵4）には島原地域の土地利用図を重ねていますが，スティフダイアグラムから硝酸性窒素汚染が認められる湧水には，その上流

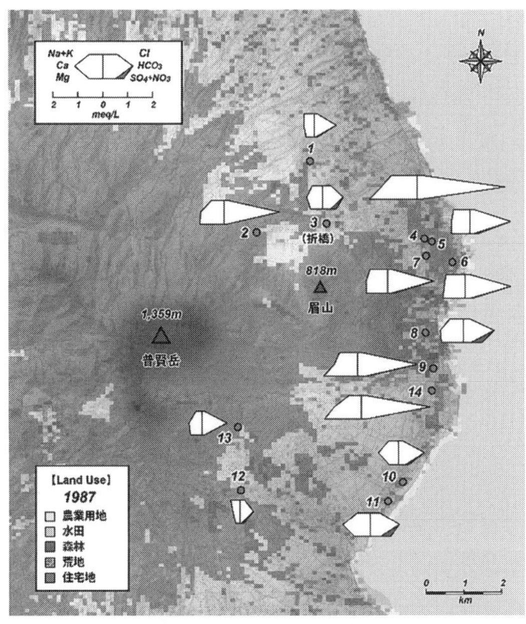

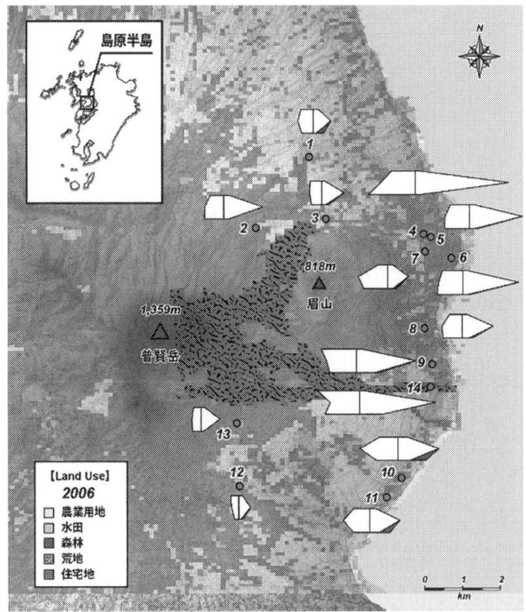

図４－３　噴火前後の土地利用図とスティフダイアグラムの分布図
（土地利用図は上：1987年，下：2006年の国土数値情報を基に作成）

域に当たる西側に農用地が広がっていることが分かります。逆に，硝酸性窒素汚染がみられない地域では，その上流域の土地利用形態が農用地以外であることから，島原湧水群の硝酸性窒素汚染の原因は農畜産業である可能性が示唆されます。

ただし，汚染源の推定には，硝酸イオン中の窒素・酸素の同位体比の測定や，農林業センサス等の統計データを用いたアプローチ，長期的な実測データの蓄積など，より高度で多角的な科学的アプローチが必要であることに留意しなければなりません。

（4）自然災害と湧水の水質変化

島原地域において土地利用形態で著しい変化を示したのは雲仙普賢岳の東麓で，火砕流や土石流が通過した範囲です。この地域は，噴火前は森林や住宅地であった土地利用形態が，噴火後は荒地になったり堰堤になったりと，人間生活が営まれていない地域へと変化しました（図４－３下の網掛け部分）。つまり，島原湧水群の上流域（涵養域）の土地利用形態が大きく変化したといえます。ただし，多くの地点で著しい水質変化が見られなかったことから，長期間にわたり同様の水質状態を維持する地下水資源の安定性が示されました。

しかし，島原湧水群の中で特徴的な水質変化を示す湧水が認められました。

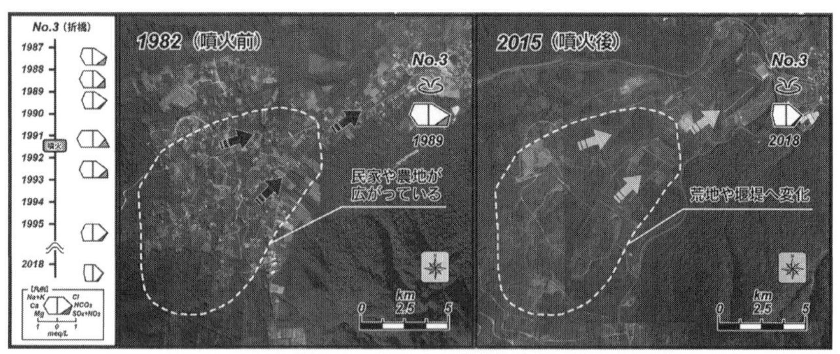

図４－４　No.3湧水におけるスティフダイアグラムの変遷と
噴火前後の上流域の土地利用変化
（過去のスティフダイアグラムは島野（1999）を基に作成。
写真は国土地理院の空中写真閲覧サービス（1982年撮影）より引用）
※図中の矢印は地下水の流動方向を示す

それは図４－３中のNo.3（折橋）の湧水です。この湧水は噴火後から硝酸イオン濃度が低減し始め，現在では検出限界付近になっています（図４－４左端）。

この湧水地点と，その上流域における噴火前後の空中写真を図４－４に示します。噴火前（1982年）の空中写真では，湧水の上流域に民家や農地が広がっており，農業活動由来と推察される人為的な窒素負荷により，この湧水中に高濃度の硝酸イオンが検出されていたと考えられます（図４－４左）。しかし，噴火後（2015年）の空中写真では，上流域の民家や農地が火砕流等により壊滅的な被害に遭い，一切なくなったことが分かります（図４－４右）。このような自然災害インパクトにより，地下水に与える人為起源の影響因子が皆無になったことから，湧水中の硝酸イオン濃度が徐々に低減し，現在では検出されない程度まで低下したものと考えられます。

第４節　地下水からみるレジリエントな社会環境

地下水の硝酸性窒素汚染の低減に向けて，各自治体で様々な対策が講じられていますが，地表面活動への対策を行ったとしても，その効果が顕在化するまでにタイムラグを有する地下水の特徴から，忍耐強く継続的な施策の実行が難しくなっている自治体もあるかもしれません。また，地域の実情に合わない過度な汚染対策を進めてしまうと，様々なステークホルダー間の連携が乱れ，結果的に地下水汚染が悪化する場合も考えられます。

島原地域における雲仙普賢岳の噴火という自然災害インパクトにより，被災した地域では人間生活を営むことのできない土地利用形態へと変化し人為的な窒素負荷はなくなりました。これはある意味では，硝酸性窒素汚染への最強度の対策に等しいものですが，現実的とは言えない対策です。しかし，自然災害により人為起源の窒素負荷が止まった地域の湧水では，徐々に硝酸性窒素汚染が減衰していることが観測結果から認められました。これは，従来の硝酸性窒素汚染問題の解決に向けた方策に新たな視点を加える事例と言えるのではないでしょうか。目に見えない水資源である地下水を対象にしたレジリエントな社会環境を目指すためには，より精緻な地下水流動機構の解明という研究アプローチと，その研究データに裏付けられた的確な施策の必要性を示すものであり，有益な研究資料と言えるでしょう。

引用文献

利部慎：「名水を訪ねて（126）島原半島の名水（再訪）」『地下水学会誌』61（3），2019年

島原半島窒素負荷低減対策会議：『第2期島原半島窒素負荷低減計画』，2021年

田瀬則雄・李盛源：「硝酸性窒素による地下水汚染対策―優良事例の策定に向けて―」日本水文科学会誌，41（3），2011年

島野安雄：「雲仙火山東麓地域における湧水の水文化学的研究」『文星紀要』（11），1999年

田中淳子：「井戸水が原因で高度のメトヘモグロビン血症を呈した1新生児例」『小児科臨床』49（7），1996年

寺尾宏：「地下水・土壌汚染10．硝酸性窒素の浄化対策」『地下水学会誌』45（3），2003年

細野高啓・林殷田・アルバレス ケリー・森村茂・曾祥勇・森康二・田原康博・松永緑・ホセイン シャハダッド・嶋田純：「地下水硝酸汚染研究における最新のトレンドと今後の方向性：熊本地域の事例を通して」『地下水学会誌』57（4），2015年

藪崎志穂・島野安雄：「平成の名水百選の水質特性」『地下水学会誌』51（2），2009年

Nakagawa, K., Amano, H., Persson, M. and Berndtsson R.: “Spatiotemporal variation of nitrate concentrations in soil and groundwater of an intensely polluted agricultural area,” *Scientific Reports*, 11, 2021.

Shiklomanov I.A., Rodda J.C.: “World water resources at the beginning of the 21st century, international hydrology series,” *Cambridge: Cambridge University Press*, 2003.

第5章
雲仙火山との共生を考える

馬越孝道

第1節　活火山と雲仙

日本ではかつて，噴火している火山を「活火山」，そのほかの火山を「休火山」や「死火山」として区別した時代がありました。しかし活火山と休火山の分離が困難なことや，長い休止期間を経て活動を再開した火山もあることから，現在は「概ね過去1万年以内に噴火した火山及び現在活発な噴気活動のある火山」を活火山と定義しています（気象庁，2013）。その数は新たな研究成果などで少し変動しますが，2022年時点で国内に111あり，これは米国，インドネシアに次ぎ世界で3番目に多く，全世界の約7％を占めています。わが国にとって，とりわけ活火山を抱える地域にとって，火山とどのように付き合うかは時代を越えた大きな課題です。

長崎県島原半島の中央を占める雲仙火山は，1934年に瀬戸内海，霧島とともに日本で最初の国立公園に指定された自然の豊かな地域で，温泉など火山の恵みも豊富です（図5－1）。一方で活火山として有史以降3度の噴火があり，それぞれ原因や規模の異なる災害が発生しました。本章の前半ではまず，江戸時代2度の噴火の概要を述べた後，1990～1995年噴火を振り返ります。次いでこれまでの研究から明らかとなった雲仙火山のマグマシステムと地熱資源について解説します。後半では，火山の恵みとして雲仙のみならず全国での導入拡大が期待されている地熱発電について，そして最後に，火山と人との共生をテーマとする島原半島ジオパークの取り組みを紹介します。

図５−１　島原半島の立体模型
（太田（1984）に一部加筆）

第２節　1663年と1792年の噴火の概要

雲仙火山の有史以降の噴火は，江戸時代の1663年と1792年，そして1990〜1995年に主峰の普賢岳で起こりました（図５−２）。1663年の噴火では最初，山頂南東側の九十九島（くじゅうくしま）火口から噴煙が上がり，その約８か月後に山の北側斜面を破って安山岩質溶岩が噴出し約１km 流れ下りました。流出した溶岩量は約500万 m^{3}で「古焼溶岩」と呼ばれています。その翌年の春には九十九島火口より出水があり，火山灰を巻き込んだ泥流が麓の川から氾濫し，三十余名が亡くなりました。

1792年の噴火では，２月に山頂東側の地獄跡火口で噴煙が上がり，３〜４月に北側斜面から溶岩が流出しました。溶岩の種類は粘性の高いデイサイトで，溶岩流の速さは１日に30〜35m のゆっくりとしたものでした。この噴火の溶岩噴出量は約2,000万 m^{3}で，全長約2.5km の「新焼溶岩」を形成し

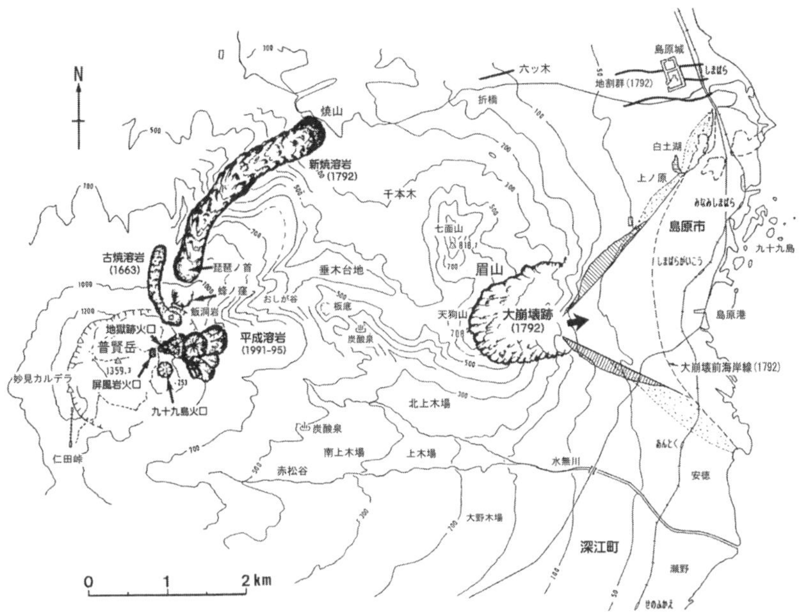

図５－２　雲仙火山の有史後の噴火地点と大地変発生位置（太田（1993）を一部改変）

図５－３　普賢岳・平成新山（中央奥）と眉山（右手前），
1990～1995年噴火による火砕流・土石流の流下跡
（1994年７月23日，著者撮影）

ました。

その溶岩噴出が止まってから約1か月後の5月21日，島原市の背後にそびえる古い溶岩ドームの眉山（図5－3）が，マグニチュード6.4と推定される強い地震で大崩壊を起こし，その崩れた土砂が有明海になだれ込み津波を誘発しました。この崩壊と津波により島原半島と対岸の肥後（現在の熊本県）であわせて約15,000人が亡くなりました。この惨事は「島原大変肥後迷惑」の名称で広く知られており，わが国で最大，世界で5番目に死者数の多い火山災害です。火山災害には噴石や溶岩流など噴火に直接起因するものと，火山の噴出物，火山活動に伴う地変，地形や地質などに起因する間接的なものがあります。江戸時代に起こった2度の災害は，どちらも後者に入るものです。

第3節　1990～1995年噴火

(1) 噴火の経緯

雲仙火山の1990～1995年噴火は，溶岩噴出量が約2億m^{3}と江戸時代2度の噴火に比べて格段に多く，同火山では4,000～5,000年に一度の大規模なものでした。太田（1997）によるこの噴火の活動期区分を表5－1に示します。

この一連の活動では，噴火の始まる約1年前の1989年11月に島原半島西側の橘湾で地震が群発し始め，それ以降半島西部にも震源域が拡大しました。さらに1990年7月には，1924年に雲仙火山で地震観測が始まってから初となる，地下のマグマやガスの流体運動が原因とされる火山性微動が観測されました。これにより1989年11月から続く地震活動にも，地下のマグマがなんらかの関与をしていたと考えられるようになりました。

その後も地震や火山性微動の活動は活発な状態が続き，ついに1990年11月17日未明，198年ぶりとなる噴火が地獄跡，九十九島両火口で始まりました。この噴火は水蒸気爆発と呼ばれるもので，地下水がマグマに熱せられて高温高圧となり，火口から爆発的に水蒸気を噴き上げて起こります。この活動は一旦，数日間で減退しましたが，約3か月後の1991年2月12日，地獄跡火口の西約200mに新たな火口を形成して再噴火しました。この火口は同日，「屏

表５－１　1990〜1995年噴火の活動期区分
（太田（1997）に一部加筆）

前駆地震活動期（1989.11〜1990.11）
橘湾で地震群発（1989.11〜）→島原半島西部に活動拡大
火山性微動発生（1990.7〜）
噴煙活動期（1990.11〜1991.5）
地獄跡火口，九十九島火口から噴火（1990.11.17）
屏風岩火口を新たに形成し噴火（1991.2.12）
溶岩ドーム形成期（1991.5〜1995.2）
第１期（1991.5〜1992.12）　主に外成的成長
ドーム出現（1991.5.20），第1〜9溶岩ローブ形成
大火砕流（1991.6.3，6.8，9.15）
第２期（1993.1〜10）　主に外成的成長
第10，11溶岩ローブ形成
大火砕流（1993.6.23，6.24）
第３期（1993.11〜1995.2）　主に内成的成長
第12，13溶岩ローブ形成（小規模）
溶岩尖塔成長（1994.10〜1995.2）

風岩火口」（図５－２参照）と命名されました（気象庁，2002）。噴火活動はその後，マグマが直接地下水と接触して起こるマグマ水蒸気爆発が繰り返し起こるようになり，マグマが山体内部を上昇してきていることが示唆されました。そして最初の噴火から半年余りが経った1991年５月20日，地獄跡火口にデイサイト質溶岩ドームが出現しました。溶岩ドームは，粘性の高い溶岩を出す火山ではよくある噴火の形態ですが，江戸時代の２度の噴火とは溶岩の出方も出た場所も違っていたため，研究者には意外な事実として受け止められました。

溶岩ドームの成長過程では，溶岩の噴出孔が時々移動し，合計13のローブを形成しました。ローブには耳たぶや丸屋根といった意味があります。表５－１に示すように，第１期と第２期のドームの成長形態は主に外成的成長，すなわち新鮮な溶岩を表面に出し次々とローブを形成しながらドームが大きくなりました。この期間，溶岩噴出量は１日30万 m^3 を超えることもしばしばありましたが，第３期になるとそれが10万 m^3 以下に減少し，これに伴いドームの主な成長形態が，ドームの内部に溶岩が供給される内成的成長に変

図5－4　溶岩ドーム（白矢印で示すドーム頂部の突起が溶岩尖塔）
（1995年２月23日，著者撮影）

わりました。そして噴火末期の1994年10月になると，ドーム頂部から固結した溶岩のかたまりである溶岩尖塔が隆起し始めました（図５－４）。その先端は1995年２月にはおよそ60mの高さにまで達しましたが，そこで成長が止まり，噴火は停止しました。最終的な溶岩ドームの大きさは，東西約1.2km，南北約0.8km，体積は約１億 m^3 で，元の地獄跡火口底からドーム最高点までの高さは約230mあります。その後この溶岩ドームは，出現から丸５年経った1996年５月20日に「平成新山」と命名されました。

（2）火砕流と土石流による災害

この噴火では，火山災害の原因の中で最も危険度の高いものに挙げられる火砕流が頻発しました。火砕流とは，溶岩の破片や火山灰が火山ガスと一団となって高温で斜面を流れ下る現象です。過去には，1902年に西インド諸島マルチニーク島のプレー火山で起きた火砕流がよく知られており，この時には海岸のサンピエールの街が一瞬にして廃墟と化し，２万９千人の命が失われ，生存者はわずかに２人だけでした。

最初の火砕流は溶岩ドーム出現から４日後の1991年５月24日，火口の東に溢れ出た溶岩が斜面に崩落して起こりました。それ以降，ドームの成長に伴い火砕流は日々規模と頻度を増していきました。そして６月３日午後４時８分，山の東側斜面にせり出したドームの地滑り的崩壊により，それまでで最大規模の火砕流が発生しました。火砕流は麓の水無川に沿って火口から約4.3km 流下し，先端は島原市北上木場地区（図５－２参照）に達しました。同地区には避難勧告が出されていたため住民は避難していて無事でしたが，地区内にいた報道関係者16名，報道関係者用のタクシー運転手４名，消防団員12名，警察官２名，外国人火山学者３名，一般人６名の計43名が犠牲となりました。このように多くの死者が出た背景には，火砕流への過熱した取材活動，避難勧告に法的強制力がないため報道関係者等の入域を止められなかったこと，正常性バイアス（正常化の偏見）など様々な問題が指摘されています（太田，2019）。正常性バイアスとは，自然災害や事件など自分にも被害が予想される状況に直面してもそのリスクを過小評価してしまうという心理現象で，災害発生時に被害に巻き込まれたり逃げ遅れたりする原因になるといわれています。

６月３日に大きな被害が発生したことで，その後の災害対策や人々の意識は大きく変わりました。行政はそれまで住民の生活を考え避難勧告にも慎重な姿勢でしたが，大火砕流発生４日後の６月７日には日本の住居地域では初となる法的強制力をもつ「警戒区域」が，それまでの避難勧告の範囲を拡げて設定されました。その結果，翌８日に発生した３日の規模を上回る火砕流では一人の犠牲者も出ませんでした。しかし火砕流はその後も溶岩ドームの成長とともに流下範囲を広げながら繰り返し起こりました（図５－５(左)）。このうち1993年６月23～24日に発生した計３回の大規模な火砕流は，火口北東側の島原市千本木地区（図５－２参照）を新たに襲い，自宅を見るため警戒区域に立ち入っていた住民１名が火砕流に遭遇し犠牲となりました。

この噴火ではさらに，二次的災害として土石流もまた甚大な被害をもたら

図５－５　（左）火口南東・赤松谷に流下する火砕流（1992年３月31日，著者撮影），（右）土石流が流れた跡（1993年７月20日，著者撮影）

しました。この土石流は，火砕流で山の斜面に堆積した大量の溶岩や火山灰が雨水と一緒になって流れ下ったものです。中でも1991年６月30日の土石流では住家，非住家合わせて約200棟，1993年４～８月に発生した計７回の土石流では1,200棟余の家屋が被害を受けました（図５－５(右))。図５－３の海岸近くに扇形に広がる土砂の氾濫跡は，そうした土石流によるものです。

1990～1995年噴火による災害は，島原市（2002）のまとめで死者・行方不明者44名，火砕流，土石流，噴石による家屋被害2,511棟，被害総額は直接被害と間接被害を合わせて約2,300億円に達しました。また，火砕流による被災面積は14km^2，土石流の氾濫面積は２km^2，住民の避難は最多時１万１千人に達し，最長５年近くに及びました。

荒巻（1997）は，火山災害が他の自然災害と比べて特に際立っている特徴として，発生頻度が低いこと等に加えて，一般の住民の常識を越えるような未経験の現象に遭遇しパニックに陥る傾向があること，比較的計量がしやすい物質的，経済的な被害に比べて，マスコミによる情報の不正確な伝達を含む無形の社会的混乱や損害が大きいことを挙げています。実際，1990～1995年噴火では，溶岩ドームや火砕流など日本人の多くが初めて耳にする用語が用いられ，その迫力ある映像や写真がテレビや新聞で連日報道されました。しかしこの噴火で発生した火砕流の大きさ自体は，火山学的にはごく小規模なものでした。それにもかかわらず当時この噴火が社会に与えた影響は非常に大きく，それにはこうした火山災害特有の理由もあったからではないかと考えられます。

第４節　雲仙火山のマグマシステムと地熱資源

火山のマグマシステム，すなわち地下のマグマ溜まりの位置やマグマの上昇経路を調べることは，噴火予知や噴火活動の推移を予測するためにとても重要です。さらに近年は，マグマを源とする地熱資源の開発という観点からも，火山の地下構造を調べる必要性が増してきています。この節では，島原半島の温泉の研究を端緒とした雲仙火山のマグマシステムの研究と地熱資源について解説します。

(1) 島原半島の温泉

雲仙火山のマグマシステムの探求は温泉の研究から始まりました。島原半島には泉質の異なる３か所の火山性温泉があります（図５－１）。いずれも半

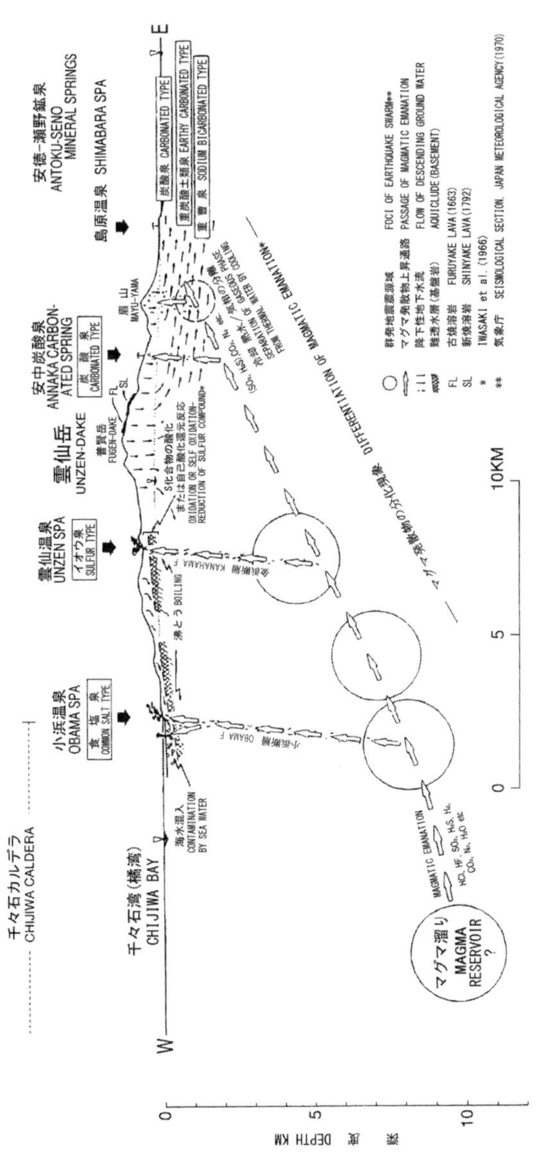

図５－６　雲仙火山の火山性温泉生成機構（太田，1973）

島中央を東西に横断する雲仙地溝の内側で，西岸の小浜温泉は高温の食塩泉，山岳地帯の雲仙温泉は高温の噴気を伴う硫黄泉，東岸の島原温泉は低温の炭酸泉です。なぜこのように1つの火山で泉質の異なる温泉が湧き出ているのでしょうか。太田（1973）はその理由を，マグマ溜まりが半島西側の橘湾下にあり，そこから温泉の元となるガスが東に向かって斜めに上昇しているからと考えました（図5－6）。マグマから出るガスは，塩化水素，二酸化硫黄，硫化水素，炭酸ガスなどが主成分です。ガスは地下水を多く含んだ岩盤の中を移動する過程で，ガスの温度が低くなるにつれ水に溶けやすい成分から徐々に溶け込んでいきます。つまり，各温泉のマグマ溜まりからの距離や地下水との関係，標高の違いが泉質の違いを生んでいたわけです。

このモデルの最大の特徴は，マグマ溜まりが火山の真下でなく西側の橘湾の下にあり，マグマやマグマからの発散物が東に向かって斜めに上昇しているという点です。このことは1792年の噴火の前の有感地震が半島の西側で激しかったという記録や，1968年から数年間続いた地震活動の震源が半島中央から西に行くほど深くなっていたこととも調和的でした。後に「太田モデル」と呼ばれる先駆的な学説でしたが，発表当時はそれを裏付ける証拠が不十分とされあまり受け入れられなかったようです。しかし1990～1995年噴火で得られた様々なデータから，次に述べるようにこの学説を裏付ける新たな証拠が見つかりました。

(2) 1990～1995年噴火から得られた知見

図5－7に1985～1999年に雲仙火山周辺で発生した地震の震源分布を示します。この分布で特徴的なのは，地震が普賢岳よりも西側で多く発生していて，震源の深さは橘湾で概略10～15㎞，島原半島西部では10km以浅と東に向かって浅くなっていることです。またこれらの地震の大半は，噴火1年前の1989年11月から溶岩ドームの出現した1991年5月までに発生したもので，ドーム出現後の地震活動は著しく低下しました。その解釈としては，地下のマグマが普賢岳山頂より西側に潜在し，溶岩噴出以前にはそのマグマの圧力が高まったことで地震が増えていたのが，溶岩が出始めてマグマの圧力が低下したことで地震も減少したと考えられます。さらにP波初動の押し引き分布を用いた発震機構解析（地震を引き起こした力の向きを調べる方法）の

結果，半島西部で起こった地震の力源が，その震源分布の下限に沿うようにあることがわかりました（図5－7(下))。そしてこれがマグマの上昇路と推定されました（Umakoshi *et al*., 2001)。

マグマが普賢岳の西側に潜在する可能性をより直接的に示したのが，噴火前から繰り返し行われてきた水準測量です。因みに島原半島西岸路線の測量結果からは，噴火前と噴火終息後の比較で，雲仙市小浜町山領口付近の地盤が最大約8 cm沈降していたことが示されています。

国立大学火山観測機関合同観測班測地グループ（1992）は，噴火前と噴火中に行った水準測量の結果をもとに，図5－7にA～Cで示す，地盤の上下変動を説明する3つの力源を求めました。これらは普賢岳直下から西側に分布し，西の方ほど深くて圧力の変化が大きくなっていました。さらにKohno *et al*. (2008) が噴火終息後のデータも加えて再解析を行った結果，A～Cの力源に加えて，図5－7にDで示す橘湾南部の深さ15kmの地点にもう1つ力源を置いたほうが，地盤の上下変動をよりよく説明できることがわかりました。このようにして，雲仙火山には深部マグマ溜まりが橘湾下にあり，そこから東に向かってマグマやマグマからの発散物が斜めに上昇していることが裏付けられました。

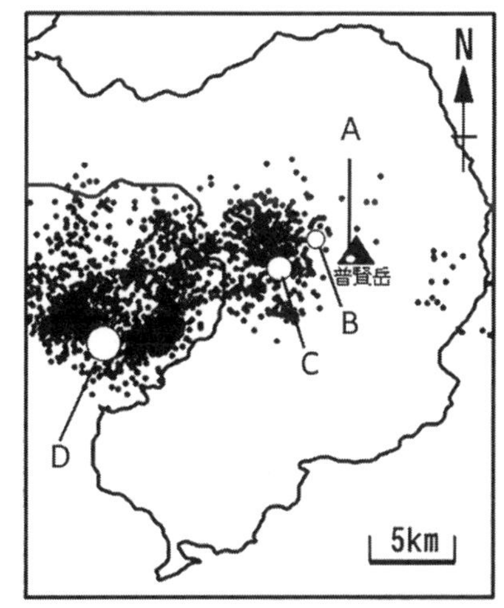

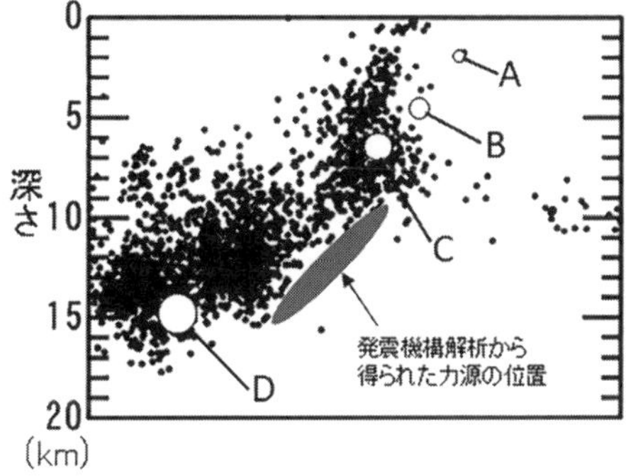

図5－7　地震の震源分布（1985～1999年）
（上：平面，下：東西断面。A～Dは水準測量から得られた力源の位置(Umakoshi *et al*.(2001)に一部加筆))

図5－8に，1990～1995年噴火から得られた知見に加え，1980年代に行われた新エネルギー総合開発機構（NEDO，現

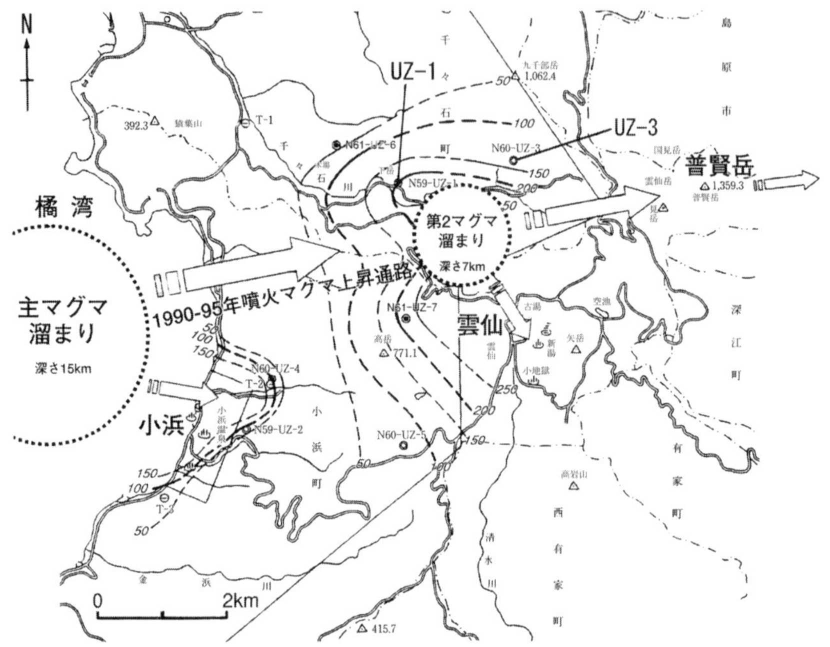

図５－８　1990～1995年噴火のマグマ上昇経路および火山性温泉群へのマグマ発散物供給経路（太田（2005）に一部加筆）
（等地温泉は海水面下500m 深（NEDO，1988））

在の国立研究開発法人新エネルギー・産業技術総合開発機構）による「雲仙西部地区地熱開発促進調査」の結果（NEDO，1988）を参考にして太田（2005）が提示した，雲仙火山のマグマ上昇経路および火山性温泉群へのマグマ発散物供給経路の改良モデルを示します。このモデルでは，主マグマ溜まりは旧太田モデルと同様に橘湾下にありますが，マグマはそこから第２マグマ溜まり（力源 C）を経て普賢岳に達しています。また新たな見解として，小浜温泉へのマグマ発散物は橘湾下の主マグマ溜まりに直接由来し，一方雲仙温泉へのそれは，第２マグマ溜まりを経て南東向きに供給されている可能性が高いとされました。

(3) 雲仙火山の地熱資源

雲仙西部地域では，前出のNEDOの調査により，図５－８に示す雲仙市千々石町岳の調査井（UZ- 1）において深度1,000m で248.4℃，その東方約２km

の調査井（UZ-３)では深度1,000mで230.3℃の地温がそれぞれ検出され，その一帯での高温地熱流体の潜在が確認されました。これらの場所は力源Ｃのほぼ真上に位置しています。おそらく確認された流体は，雨水などの地下水に力源Ｃのマグマから出た高温のガスや熱が作用してできた高温の蒸気や熱水と思われます。また図５－７の震源分布を見ると，力源Ｃの直上では地表近くまでたくさんの地震が発生していたのがわかります。その原因の一つとして，震源域周辺での高温地熱流体の関与が示唆されます。

このように雲仙西部地域には，地熱発電所立地の最も基本的な条件である地熱貯留層が発達している可能性が高いと考えられます。しかしこの雲仙西部地域を含め全国の地熱開発有望地の多くで，これまで地熱発電の導入は進んできませんでした。次節ではその理由がどこにあったのかをみていくことにします。

第５節　日本の地熱発電の歴史と課題

火山は噴火している期間よりも，静かで恵みをもたらしている期間のほうが圧倒的に長いのが普通です。火山の恵みは様々ですが，その中で近年注目を集めているものに地熱発電があります。地熱発電は地下から取り出した蒸気の力でタービンを回して電気を作るため，燃料不要で二酸化炭素排出量が少なく，地球温暖化対策にも貢献できます。

日本の地熱賦存量の推計は2,347万kWで，活火山の数と同じく米国，インドネシアに次ぎ世界第３位です（村岡他，2008)。日本では，1966年に岩手県の松川地熱発電所が運転を開始して以降，1970年代の２度にわたる石油ショックを契機として地熱資源開発が急速に拡大し，東北・九州地域を中心に1996年には地熱設備の認可出力53万kW（世界第５位）を達成しました。

しかし日本の地熱発電はその後停滞し，1999年の八丈島地熱発電所（出力3,300kW）の稼働以降は長期にわたり新規の発電所建設がありませんでした。その結果，地熱発電導入量は2019年時点で世界第10位と非常に後れを取っています。日本で地熱発電が普及してこなかった理由はどこにあったのでしょうか。その障壁として村岡（2007）は，わが国特有の次のような問題を指摘しています。第 1 は「国立公園問題」と呼ばれる国立公園の規制です。火山に伴う地熱有望地域の60% 以上は国立公園の特別保護地区や特別地域内にあるのですが，これらの地域での地熱開発は長い間規制されてきました。第 2 は「温泉問題」と呼ばれる温泉泉源地域との摩擦の問題です。地熱発電所が計画される場所の近くにはほぼ例外なく温泉地があるため，地熱発電が温泉に影響を与えるのではないかという懸念から地元で反対が唱えられることがありました。第 3 は法制度の問題です。地熱開発を優先的に進める法律が未整備で，開発には，温泉法，自然公園法，森林法，国有林野法，水質汚濁防止法，電気事業法などの規制を受けます（日本地熱学会，2014)。その結果，認可手続きや環境アセスなども含めて計画から運転まで10年以上の時間を要するのが普通です。さらにこれらの障壁を総合した結果として，地熱開発の発電コストが石油火力を除く他の化石燃料や原子力に比べて高いという問題があります（図 5－9)。

こうした主に社会的・制度的要因といえる日本の地熱開発の停滞を転換させたのが，2011年 3 月11日の東北地方太平洋沖地震（東日本大震災）でした。この地震による津波で福島第一原子力発電所が重大な事故を起こし，それによるエネルギー危機をきっかけに，固定価格買取制度（FIT）が開始されるなど再生可能エネルギー導入拡大の機運が高まりました。このうち地熱開発に関わる規制緩和では，条件付きながら国立公園の第 1 種特別地域の外から傾斜掘削で同地域の地下への進入が許可されることになり，これにより地熱有望地区の約70% が開発可能になりました。また新たな展開として，高温の温泉源泉を用いて水より沸点の低い媒体を沸騰させて，その蒸気をタービ

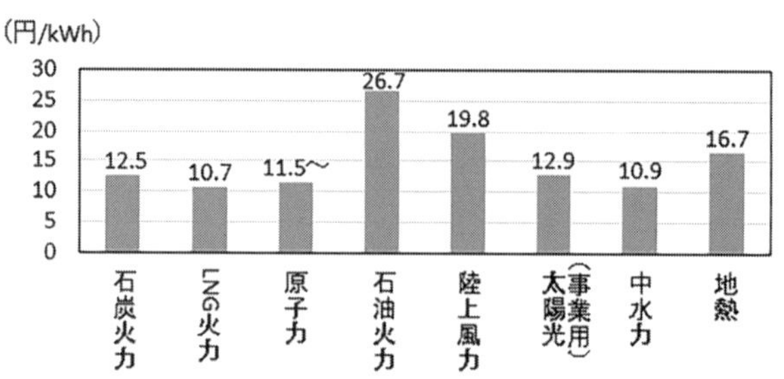

図 5－9　2020年の電源別発電コスト比較
（資源エネルギー庁の試算による）

ンに送るバイナリー方式の発電を目指す動きが全国の温泉地に広まりました。こうした中，2019年には，大規模発電設備として国内4番目の規模となる秋田県・山葵沢地熱発電所（46,200kW）が運転を開始，国内で1万kW以上の発電所の稼働は実に23年ぶりのことでした。

このように日本の地熱開発は再び隆盛への兆しを見せています。2050年のカーボンニュートラル実現に向けた国のエネルギー基本計画では，地熱発電について現在の設備容量総計約50万kWの3倍の発電量を目標に掲げています。しかしその実現は決して容易なものではありません。地熱発電の拡大を目指すためには，国の支援策や技術開発に加えて，温泉問題など先に述べた地熱発電の障壁を解消するためのさらなる努力が必要です。

第6節　島原半島ジオパーク

過去に3度の噴火災害を経験し，他方で火山の様々な恵みを受けている島原半島は，火山と人との共生を学ぶのに最適な場所といえるでしょう。そうした学びの機会を作り出すとともに，1990～1995年噴火の災害からの復興の象徴として取り組んでいるのが島原半島ジオパークの活動です。

ジオパークは，ユネスコが支援し2004年に設立された世界ジオパークネットワークにより推進されており，2015年にユネスコの正式事業に認定され

表5－2　島原半島ジオパークのジオツアーのモデルコース

コース名	内容
1. 島原半島の成り立ちをさぐる	かつて海に浮かぶ火山島だった島原半島が現在の姿になっていくようすを、地層や岩石の特徴からさぐります。
2. 島原大変をおとずれる	1792年5月21日に起こった眉山の大崩壊。大崩壊がつくった風景を見ながら、「島原大変肥後迷惑」という言葉で伝えられる大災害をたどります。
3. 温泉・湧水をめぐる	半島内に湧き出す火山性の温泉や豊富な湧水をめぐりながら、温泉水を用いた食べ物などを楽しみます。
4. 平成噴火をたどる	1990年に始まった雲仙普賢岳の噴火では、一体何が起きたのでしょうか。平成噴火とその災害の爪痕をたどります。
5. 中世武士たちの戦跡をたずねる	およそ3万年前から人が暮らし始めた島原半島は、時に戦乱の舞台となりました。人々の歴史と大地の営みとのかかわりをたずねます。

図５−10 （左）棚畑展望台（雲仙市南串山町）からの眺め。約150万年前の火山のすそ野を利用した棚畑（ジャガイモ畑）が広がる（2017年12月２日，著者撮影）。（右）雲仙地獄（雲仙市雲仙温泉）。高温の噴気や熱水が散策コースの各所から噴出しており，火山の持つエネルギーを体感できる（2018年12月15日，著者撮影）

ました。そのガイドラインによれば，ジオパークは，地形・地質的にみて価値の高い場所である大地の遺産を多数含む地域とされています。またこれらの大地の遺産を保全し，教育に活用し，ジオツーリズムによる地域の持続的な発展を目指すものとされています。島原半島ジオパークは，2009年に糸魚川，洞爺湖有珠山とともに日本で最初の世界ジオパークに認定されました。

島原半島ジオパーク事務局発行のリーフレットには，表５−２に掲げる５つのジオツアーのモデルコースが紹介されています。このうち２と４では火山災害を，１と３では雲仙火山の歴史や火山の恵みを学ぶことができます（図５−10）。これらを通じて私たちは，火山の災害と恵みが表裏一体のものであることに気づかされます。例えば，島原半島は長崎県内最大の農業地帯ですが，その土地や土壌は大昔の火山噴火によってもたらされました。大量の地熱資源や温泉は，将来噴火を起こすかもしれないマグマが地下に潜んでいる証拠です。火山と人とが真に共生するためには，こうした火山の光と影の両方を正しく理解することが大切です。

第７節　火山との共生

雲仙火山の1990～1995年噴火から30年以上が経過した今，この災害の記憶を風化させることなく次の世代にいかに伝承するかが大きな課題となっています。火山噴火そのものは止められませんが，過去の教訓を活かすことで防ぐことのできる災害を繰り返さないことが肝要です。第６節で紹介したジオツアーへの参加などを通じて，この災害を経験していない世代の人たちも，過去の噴火で何が起きていたのか，その実態について詳しく知ることができるはずです。

火山の恵みの一つとして第５節で取り上げた地熱発電は，地球温暖化防止や日本のエネルギー自給率向上以外にも様々な効果が期待できます。たとえば温泉バイナリー発電を行っている福島県の土湯温泉では，売電収入の一部を地域の定住人口増加のための支援事業に活用しています（渡辺他，2017）。またごく小規模な発電の場合，携帯電話の充電サービスや街のイルミネーションなど地産地消による使い道を考えることもできます。

このように火山の恵みと災害に象徴される地域の自然の光と影の両方を学び知ること，さらに地熱のようなその地域特有の資源をその地域ならではの工夫で有効に活用すること，そうした取り組みが火山との共生の実現，ひいては地域を強くすることにもつながっていくのではないかと考えられます。

引用文献

荒巻重雄：「序論」，『火山噴火と災害』宇井忠英（編），東京大学出版会，1997年

気象庁：『平成3年（1991年）雲仙岳噴火調査報告』，気象庁技術報告書，第123号，2002年

気象庁（編）：『日本活火山総覧（第4版）』，2013年

Kohno, Y., T. Matsushima, H. Shimizu, Pressure sources beneath Unzen Volcano inferred from leveling and GPS data, *J. Volcanol. Geotherm. Res*., 175, 2008, 100-109

国立大学火山観測機関合同観測班測地グループ：雲仙岳の火山活動に伴う地盤変動，『雲仙岳溶岩流出の予知に関する観測研究』，平成3年度科学研究費補助金・総合研究（A）・研究成果報告書，1992年，29-42

村岡洋文：日本の地熱エネルギー開発凋落の現状と将来復活の可能性，日本エネルギー学会誌，86，2007年，153-160

村岡洋文・阪口圭一・駒澤正夫・佐々木進：日本の熱水系資源量評価2008，日本地熱学会平成20年度学術講演会講演要旨集，2008年，B01

日本地熱学会　地熱エネルギーハンドブック刊行委員会：『地熱エネルギーハンドブック』，オーム社，2014年

太田一也：島原半島における温泉の地質学的研究，九州大学理学部島原火山観測所研究報告，8，1973年，1-33

太田一也：『雲仙火山，地形・地質と火山現象』，長崎県，1984年

太田一也：1990-1992年雲仙岳噴火活動，地質学雑誌，99，1993年，835-854

太田一也：1990～1995年雲仙岳噴火活動の予知と危機管理支援，火山，42，1997年，61-74

太田一也：雲仙火山のマグマ溜まり再考，長崎県地学会誌，69，2005年，1-14

太田一也：『雲仙普賢岳噴火回想録』，長崎文献社，2019年

島原市企画課（編）：『平成島原大変データブック』，雲仙・普賢岳噴火災害記録集【資料編】，2002年

新エネルギー総合開発機構（NEDO）：『地熱開発促進調査報告書』，15，雲仙西部地域，1988年，1035-1036

Umakoshi, K., H. Shimizu, N. Matsuwo: Volcano-tectonic seismicity at Unzen Volcano, Japan, 1985-1999. *J. Volcanol. Geotherm. Res*., 112, 2001, 117-131

渡辺貴史・馬越孝道・小林寛：温泉地における温泉発電事業と運営体制との関係，ランドスケープ研究，80，2017年，631-636

第６章
循環型社会の構築に貢献する
リサイクルバイオ技術

仲山英樹

第１節　レジリエントな循環型社会の構築に重要な７つのＲ

私たちが暮らす日本における「循環型社会」とは，2000年６月に公布された循環型社会形成推進基本法によると，「製品等が廃棄物等となることが抑制され，並びに製品等が循環資源となった場合においてはこれについて適正に循環的な利用が行われることが促進され，及び循環的な利用が行われない循環資源については適正な処分が確保され，もって天然資源の消費を抑制し，環境への負荷ができる限り低減される社会」であるとされています。それ以来，循環型社会を構築するために重要な取り組みとして，天然資源の浪費を抑制しつつごみの排出量を減らす「リデュース（Reduce；資源浪費と廃棄物発生の抑制）」，「リユーズ（Reuse；リターナルボトル等の製品の再使用）」，「リサイクル（Recycle；マテリアルリサイクル及びケミカルリサイクルを含む資源としての再生利用）」，「リカバリー（Recovery；サーマルリサイクルとも呼ばれる燃焼処理に伴う熱エネルギーの回収）」の４つのＲの実践が重要であることが日本国内で広く認知されるようになりました。

さらに最近では，二酸化炭素（CO_2）やメタン（CH_4），一酸化二窒素（N_2O）等の温室効果ガスの排出による地球温暖化や，重金属からマイクロプラスチックまでを含む多様な化学物質の排出による大気・水・土壌の汚染等の地球規模の環境問題が深刻化すると共に，持続可能かつレジリエントな循環型社会を構築することの重要性が高まっています。特に，廃棄プラスチックの海洋汚染問題が顕在化するに伴って，上記の４つのＲに加えて，私たち自身の環境意識の改革により実現できる「リフューズ（Refuse；使い捨てレジ袋等の不要な資源浪費の拒否による廃棄物の発生抑制)」及び「リペア(Repair；衣服や道具等の製品を修理して長期間継続的に使用することによる廃棄物の発生抑制)」の２つのＲを加えた６つのＲの実践による社会的な取り組みが進められています。さらに，経済産業省により2021年６月に策定された「2050年カーボンニュートラルに伴うグリーン成長戦略」(以降は,「グリーン成長戦略」と記します）の計画では，2050年に向け，技術革新を通じて今後の成長が期待される14の産業について，現状の課題と今後の取り組みが明記されました。その中でも，廃棄物を循環資源として再生利用する技術革新により成長が期待される「資源循環関連産業」及び多種多様なものづくりの低炭素化を実現する技術革新により成長が期待される「カーボンリサイクル・マテリアル産業（カーボンリサイクル)」が循環型社会の構築のために重要な産業として挙げられています。今後日本では,「グリーン成長戦略」により開発される持続可能な革新技術を取り入れつつ，上述の「６つのＲ」

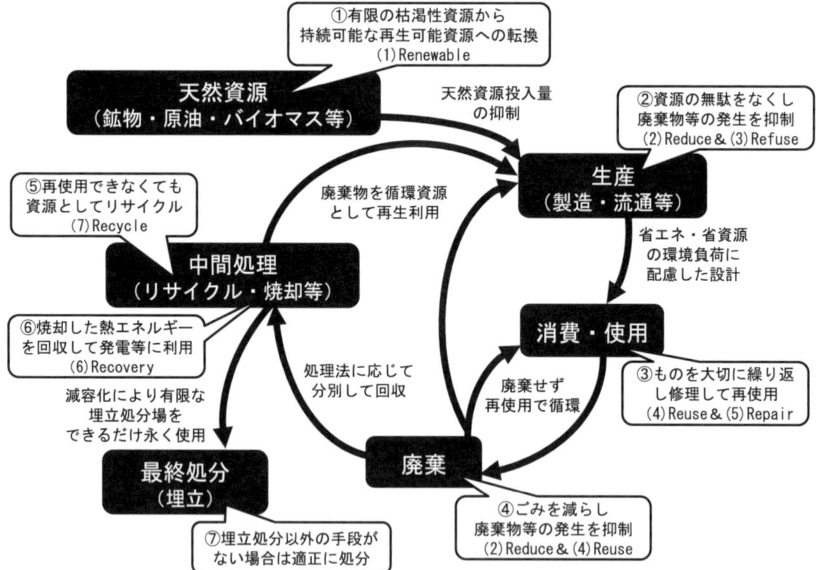

図６−１　レジリエントな循環型社会を構築するために重要な７つのＲの実践に基づく優先的な取り組みの概要

出典：環境省中央環境審議会循環型社会部会（第40回）参考資料３の「第四次循環型社会形成推進基本計画の進捗状況の第２回点検及び循環経済工程表に関する参考資料集」の３Ｒの概要図を参考に，さらに筆者が４Ｒを追加した７Ｒの概要を示すオリジナルの図として作成した。

に「リニューアブル（Renewable；原油等の枯渇性の天然資源からバイオマス等の再生可能資源への原料転換）」を加えた7つのRを実践していくことにより，低炭素かつ環境に負荷をかけないレジリエントな循環型社会の構築を目指していく必要があります（図6-1の（1)〜(7)）。ここで「レジリエント（Resilient）な循環型社会」とは，環境破壊や資源枯渇から回復する環境技術やリサイクル技術の革新により実現される持続可能な資源循環システムを実装した社会を意味します。

本章では，特に2つのRとして，リサイクルとリニューアブルに着目し，第2節では基礎編として，日本における廃棄物の排出状況とリサイクルの現状について紹介します。さらに第3節では，応用編として廃棄バイオマスを原料として有用化学品を生産するリサイクルバイオ技術の開発研究について紹介します。

実際には，図6-1の①〜⑦で示したように，循環型社会を構築するための取り組みには優先順位があります。はじめに，①原料となる天然資源を再生可能資源に転換することで天然資源投入量を抑制することができます。次に，②省エネ・省資源の環境負荷に配慮した設計により，生産過程での廃棄物の発生を抑制することができます。さらに，③ものを大切に繰り返し修理して永く再使用することで消費者からの廃棄物の発生を抑制することができます。そして，④不用となったものを廃棄せずに必要としている生産者や消費者に循環させて再使用することにより，廃棄物の発生を抑制することができます。⑤再使用できない廃棄物は分別回収した後に循環資源として再生利用して，天然資源の投入量を抑制することができます。⑥循環資源にできない廃棄物で焼却処理できるものは，焼却時に発生する熱エネルギーを活用した発電や余熱利用ができます。⑦焼却灰や不燃物等のそれ以上処分する手段がない場合は，適正に処理して埋立処分します。これら一連の取り組みの中でも，廃棄物を循環資源として再生利用するために必要な，革新的なリサイクル技術の開発が重要な研究課題となっています。

第２節　日本における廃棄物の排出状況とリサイクルの現状

私たちが日頃の生活で排出する一般廃棄物，即ち「ごみ」の総排出量は，2019年度では4,274万トンで，１人１日当たりのごみ排出量は918グラムでした。この数値は，2012年度以降微減傾向でしたが，ここ数年で横ばいに推移しています（図６–２）。ここで，生活系ごみの排出量は2,971万トンとなっており，全体の約70％を占めていることから，私たちが生活する上で排出されるごみの問題について考えることが必要です。排出された総量4,274万トンのごみのうち，焼却，破砕，選別等により中間処理された量（中間処理量）は3,867万トンとなっています。再生業者等へ直接搬入された量（直接資源化量）は188万トン，直接最終処分場等に搬入された量（直接最終処分量）は40万トンとなっており，これらを合わせたごみの総処理量は4,095万トンでした。これらのうち，中間処理量と直接資源化量を合わせるとごみの総処理量の99.0％を占めています。特に，中間処理量のうち，直接焼却された量

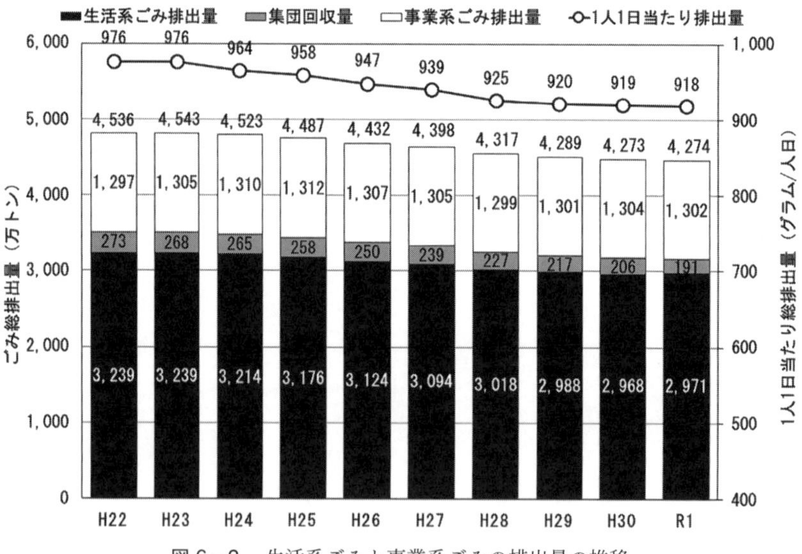

図６−２　生活系ごみと事業系ごみの排出量の推移

出典：環境省調査結果「一般廃棄物の排出及び処理状況等（2019年３月30日）について」のデータを用いて作成

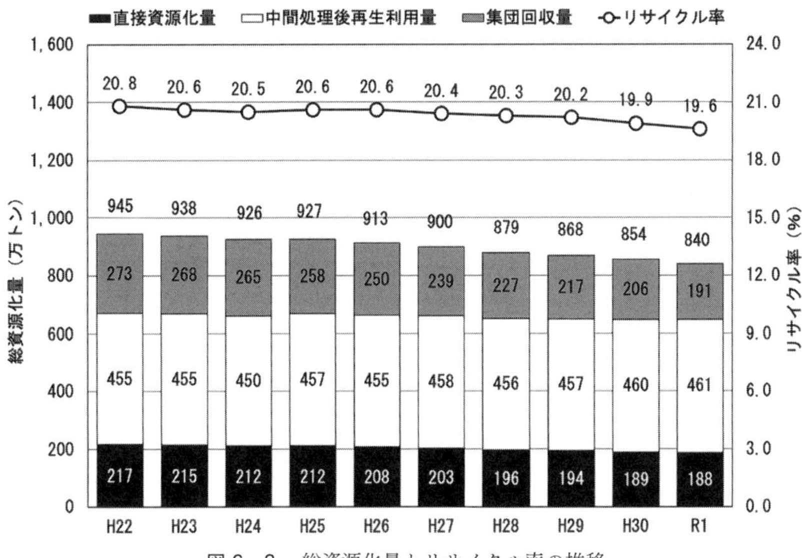

図６−３　総資源化量とリサイクル率の推移
出典：環境省調査結果「一般廃棄物の排出及び処理状況等（2019年３月30日）について」のデータを用いて作成

は3,295万トンであり，ごみの総処理量の80.5% となっており，大部分のごみが中間処理で焼却処分されているのが現状となっています。

次に，令和元年度の一般廃棄物のリサイクルの現状について調べてみましょう。図６−３に示したように，2019年度の直接資源化量は188万トン，市町村等による中間処理後に資源として再生利用した量は461万トン，及び住民団体等による資源ごみの集団回収量は191万トンであり，これらを合わせたごみの総資源化量は840万トンとなっています。よって，ごみの総処理量4,095万トンと集団回収量191万トンの和となる総量4,286万トンに対してごみの総資源化量840万トンが占める割合として算出したリサイクル率は19.6%となります。このリサイクル率を示す数値は，平成22年度から横ばいでしたが平成27年度以降微減傾向を示しています。そのため，さらなるリサイクル率の向上に貢献できる革新的なリサイクル技術の開発が急務となっています。

続いて，事業活動に伴って生じた廃棄物のうち法で直接定められた６種類（①燃え殻，②汚泥，③廃油，④廃酸，⑤廃アルカリ，⑥廃プラスチック類）と，政令で定めた14種類（⑦ゴムくず，⑧金属くず，⑨ガラス・コンクリート・陶磁器くず，⑩鉱さい，⑪がれき類，⑫ばいじん，⑬紙くず，⑭木くず，⑮繊維くず，⑯動物系固形不要物，⑰動植物性残渣，⑱動物のふん尿，⑲動物の死体，⑳コンクリート固形化物等の上述の19種類に該当しないもの）の計20種類からなる産業廃棄物の現状について調べてみましょう。図６－４に示したように，2019年度の日本国内の産業廃棄物の種類別排出量の調査結果によると，産業廃棄物の中で最も排出量が多いのは汚泥で約17,084万トン（全体の44%），次いで動物のふん尿が約8,079万トン（同21%），がれき類が約5,893万トン（同15%）となっており，これら３種類の排出量が全排出量の約８割を占めています。

さらに，図６－５に示した産業廃棄物の種類別の処理状況によると，再生利用率が高い廃棄物は，がれき類（96%），金属くず（96%），動物のふん尿（95%），鉱さい（94%）等であり，再生利用率が低い廃棄物は，汚泥（７%），廃アルカリ（18%），廃酸（34%），動物の死体（35%）等である

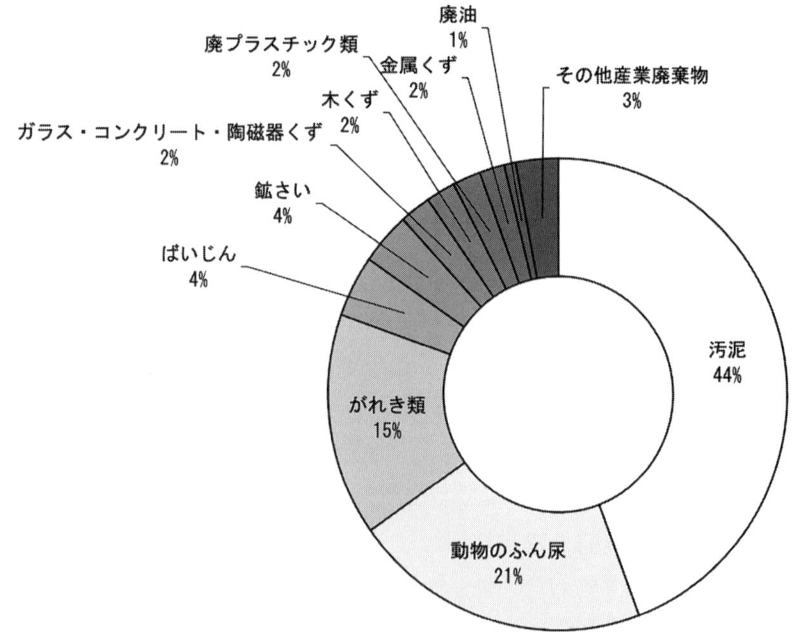

図６－４　2019年度の産業廃棄物の種類別排出量

出典：環境省2022年２月15日報道発表資料「産業廃棄物の排出及び処理状況等（2019年度実績）について」のデータを抜粋して作成

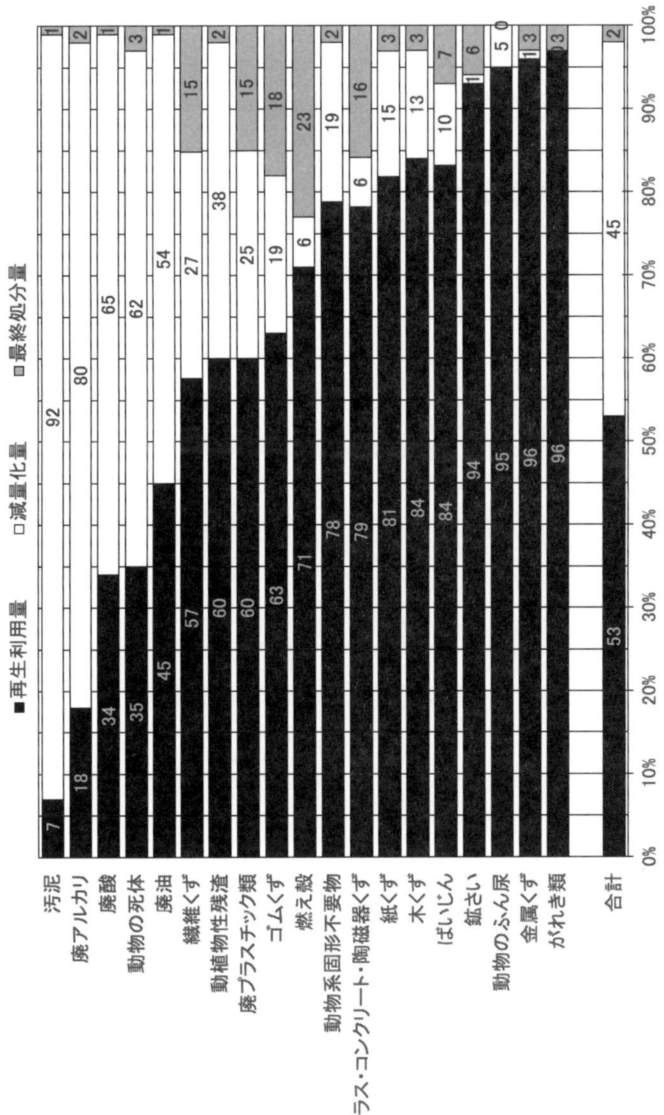

図６－５　産業廃棄物の種類別再生利用率，中間処理による減量化率及び最終処分率

出典：環境省2022年２月15日報道発表資料「産業廃棄物の排出及び処理状況等（2019年度実績）について」のデータを抜粋して作成

ことが分かります。また，最終処分の比率が高い廃棄物は，燃え殻（23%），ゴムくず（18%），ガラス・コンクリート・陶磁器くず（16%），繊維くず（15%），廃プラスチック類（15%）等となっています。全体の合計では，排出された産業廃棄物全体の53%に当たる約20,357万トンが再生利用され，2%に当たる約916万トンが最終処分されました。実際に多種多様な物質が産業廃棄物として排出されていますが，再生利用率が低いものも多く，廃棄物を循環資源として再生利用するためには，それぞれの物質の特性に応じたリサイクル技術の開発が必要とされています。特に再生利用率が低い，汚泥，動物の死体等のバイオマス由来の有機系廃棄物は，炭素（C），水素（H），酸素（O）以外にも窒素（N），硫黄（S）やリン（P）等の多種多様な元素から構成される有機化合物の混合物となっているため，リサイクルするのが難しいのです。比較的再生利用率が高い有機系廃棄物である動物のふん尿であっても，実際には有機系廃棄物中に含まれるN・P・S等の必須栄養元素を肥料として再生利用する堆肥化，及びC・Hの2元素からなるメタン（CH_4）やHの1元素からなる水素（H_2）等のバイオガスをエネルギー源として再生利用するバイオエネルギー化が主要なリサイクル技術となっています。今後さらに有機系廃棄物の再生使用率を高めていくためには，肥料や燃料以外にも，廃棄物に含まれる多種多様な元素を再構成して有用化学品として再生利用する革新的なリサイクル技術の開発に期待が寄せられています。

第3節　廃棄バイオマスを原料として有用化学品を生産するリサイクルバイオ技術の開発研究

現在，炭素及び窒素負荷の高い食品残渣や農畜水産系の廃棄バイオマスは，地球環境に対する温室効果ガスの発生や，地下水汚染，水環境の富栄養化等の要因となっています。しかし近年，これらの廃棄バイオマスを原料として有用化学品を生産するリサイクルバイオ技術の開発研究が進められています。具体的には，微生物の発酵作用を応用して農業用の堆肥や畜水産業用の再生飼料（エコフィード），あるいは発電や燃料用途のバイオディーゼル燃料やメタン・水素等のバイオガス燃料等の有用化学品が実用化されています（図6−6）。

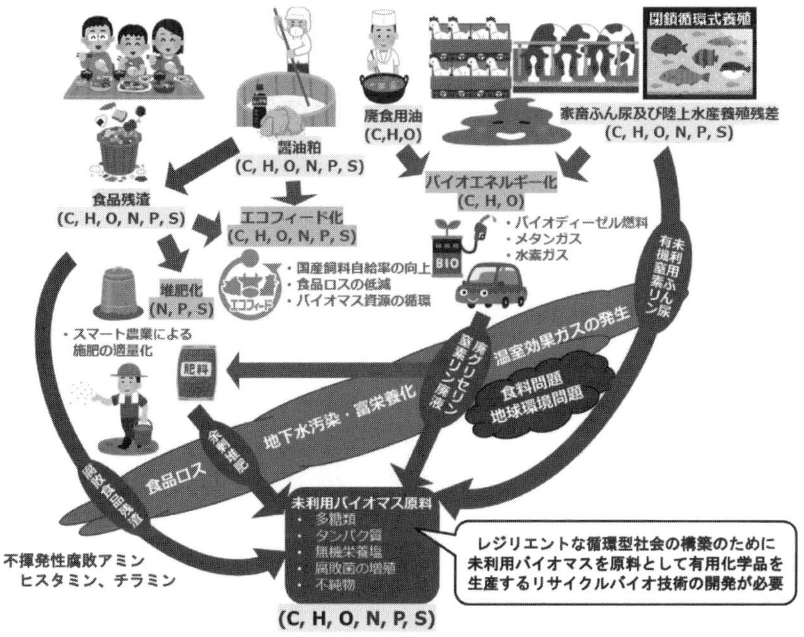

図6－6　廃棄バイオマスのリサイクルバイオ技術の概要と未利用バイオマスが要因となる地球環境問題や食料問題の現状
（筆者作成）

しかしながら，例えば醤油粕等の高濃度の塩分を含む食品残渣，廃食用油からアルカリ触媒法で製造されたバイオディーゼル燃料の副産物として生成する廃グリセリンや畜水産動物のふん尿等を微生物の発酵作用を活用して有用化学品にリサイクルするためには難しい問題があります。なぜなら，これらの廃棄バイオマス中には，微生物の栄養素となる多糖類やタンパク質等の有機化合物の他に塩分やミネラル等の無機化合物が含まれるため，水分の蒸発や脱水処理，あるいは中和処理等によって塩化ナトリウム（NaCl）を主成分とする塩分の濃度が高くなってしまうからです。その結果，高濃度の塩分を含む廃棄バイオマスを有用化学品として再生利用するためには，脱塩プロセスが必須となり，手間とコストがかかってしまうのです。そのため，高濃度の塩分が混在した条件下で適応可能な，革新的なリサイクルバイオ技術の開発が重要な研究課題となっています。その実現のためには，重金属類や栄養塩類等の無機化合物や，多糖類やタンパク質，アミノ酸，そして腐敗菌が作用して生成するヒスタミンやチラミン等の有害なバイオジェニックアミン類を含む有機化合物等，廃棄バイオマス中に含まれる多様な元素から構成される化合物の特性に応じた再資源化戦略を立てなければなりません。特に，バイオマス中の主要成分である多糖類やタンパク質等のポリマー類は，強酸や強塩基の共存下で加水分解処理することにより，微生物の栄養素となる培養基質として直接利用可能な単糖類やアミノ酸類等のモノマーに容易かつ安価に変換することが可能です。しかしながら，加水分解反応後の中和処理により高濃度の塩類が副産物として生成してしまう問題があります。

そこで筆者らの研究グループでは，高濃度の塩分が混在するバイオマス加水分解物を直接栄養素として利用できる好（耐）塩性微生物を細胞工場として活用する研究戦略をとることにしました（仲山，2012)。これまでに，中度好塩性細菌ハロモナス（*Halomonas elongata*）を細胞工場とすることにより，私たちには食べられない稲わら等のリグノセルロース系バイオマス由来の糖類（Tanimura *et al*., 2013）や，高塩濃度を含む醤油粕等の廃棄バイオマスの加水分解物，さらに有害なバイオジェニックアミン類を培養基質として活用できることが明らかとなりました（Nakayama *et al*., 2020)。

特に高濃度の塩分が引き起こす高浸透圧ストレス条件下において，ハロモナスの細胞内で生合成されて浸透圧調節物質として高濃度に蓄積したエクトイン等の遊離アミノ酸類は，低浸透圧条件下では細胞表層の膜輸送系により高効率に排出されるため，細胞を破壊せずに抽出・回収することができます（図 6－7)。実際に，低浸透圧処理によりエクトイン等の適合溶質を抽出した細胞を再利用して，再び高浸透圧ストレス処理することでエクトイン等の有用物質を連続発酵生産する「細菌ミルキング法」が実用化されています（Sauer & Galinski, 1998)。しかしながら，細胞内で生産した有用物質を抽出した後の細胞残渣が副産物の汚泥として発生する課題が残っています。

そこで筆者らの研究グループでは，ハロモナスの細胞表層に機能性ペプチドや酵素等を提示する細胞表層工学技術を開発（Nakayama, 2009）することにより，細胞内の有用物質を抽出した後の細胞残渣にも機能性を付与する戦略をとることにしました（図 6－7)。特に，グラム陰性菌であるハロモナスの外膜リポタンパク質をアンカータンパク質として活用することにより，細胞表層に機能性ペプチドや酵素を提示した細胞工場を開発できるようになり

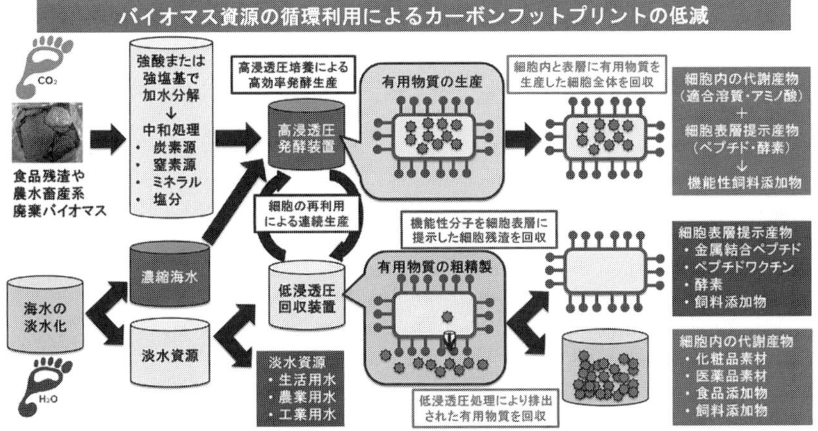

図6－7　廃棄バイオマスを原料として好（耐）塩性微生物の細胞内と細胞表層で有用物質を生産する低環境負荷型のリサイクルバイオ技術の開発研究
出典：仲山英樹（2020）

ました。現在筆者らの研究グループでは，金属結合ペプチド（仲山，2015），畜水産系飼料用の機能性ペプチドや酵素等を提示する細胞工場の開発研究を進めており，エクトイン等の細胞内に蓄積した有用物質を抽出した細胞残渣を機能性の高い飼料添加物等に再資源化するリサイクルバイオ技術の開発を目指して研究を続けています。このようなリサイクルバイオ技術は，高濃度の塩分を含む未利用廃棄バイオマスを循環資源として再生利用する低炭素技術であるのが大きな特長です。さらに同時に，天然の塩分を含むミネラル源となる海水や海水淡水化の副産物である濃縮海水，並びに富栄養化の要因となっているアンモニア態窒素や硝酸態窒素等の無機窒素化合物を含む畜水産排水等を，発酵用水として直接利用できる淡水資源節約型技術でもあります。今後，レジリエントな循環型社会を構築するために必要とされる，カーボンフットプリント（原料調達，製造，消費，廃棄までに排出される二酸化炭素量を表す指標）のみならず，ウォーターフットプリント（原料調達，製造，消費，廃棄までに消費される淡水資源量を表す指標）の低減にも貢献できる低環境負荷型の有用物質生産プロセスのイノベーションが期待できるでしょう（仲山，2020）。

このように，廃棄バイオマスを資源として活用した循環型のリサイクルバイオ技術が開発されることにより，廃棄バイオマスはリニューアブルな原料として，私たちの地球を救う重要な循環資源になることでしょう。さらに，大学の研究力と企業のものづくりの力に加えて，自然の微生物の力を活用した廃棄バイオマスのリサイクルバイオ技術を駆動力としたサーキュラーバイオエコノミーを実現することにより，持続可能でレジリエントな循環型社会が構築できると期待されます。

引用文献

環境省循環型社会・3R関連資料：「循環型社会形成推進基本法」http://www.env.go.jp/recycle/circul/recycle.html（2022年3月1日閲覧）

環境省報道発表資料（令和3年3月30日）：「一般廃棄物の排出及び処理状況等（令和元年度）について」https://www.env.go.jp/press/109290.html（2022年3月1日閲覧）

環境省報道発表資料（令和4年2月15日）：「産業廃棄物の排出及び処理状況等（令和元年度実績）について」http://www.env.go.jp/press/110498.html（2022年3月1日閲覧）

環境省報道発表資料（令和3年6月8日）：「令和3年版環境白書・循環型社会白書・生物多様性白書の公表について」http://www.env.go.jp/press/109672.html（2022年3月1日閲覧）

経済産業省報道発表資料（令和3年6月18日）：「2050年カーボンニュートラルに伴うグリーン成長戦略を策定しました」https://www.meti.go.jp/press/2021/06/20210618005/20210618005.html（2022年3月1日閲覧）

仲山英樹：「好塩菌の塩ストレス適応機構とその応用」，『生物工学会誌』90，2012年

仲山英樹：「アーミングハロモナス細胞を利用したバイオアドソープション」，小西康裕監修『バイオベース資源確保戦略』シーエムシー出版，2015年

仲山英樹：「中度好塩菌の細胞内と細胞表層を活用した低環境負荷型の機能性飼料添加物の開発」，植田充美監修『細胞表層工学の進展』シーエムシー出版，2020年

Nakayama H.: “Application of genomic information of a halophilic bacterium as a tool for metal-biotechnology”, *Journal of Japanese Society for Extremophiles,* 8, 2009

Nakayama H., Kawamoto R., Miyoshi K.: “Ectoine production from putrefactive non-volatile amines in the moderate halophile *Halomonas elongata*”, *IOP Conference Series: Earth and Environmental Science*, 439 (1), 2020

Sauer T., Galinski E.A.: “Bacterial milking: A novel bioprocess for production of compatible solutes”, *Biotechnology and Bioengineering*, 57 (3), 1998

Tanimura K., Nakayama H., Tanaka T., Kondo A.: “Ectoine production from lignocellulosic biomass-derived sugars by engineered *Halomonas elongata*”, *Bioresource Technology,* 142, 2013

第7章
都市と緑地のこれまでとこれから

渡辺貴史

第1節　緑地とは

人間は，生きるために，集まって暮らしてきました。社会を形成した人間は，より良い暮らしをするために必要なもの（例：住む場所，食べ物等）や，サービス（例：水を入手できる，遠いところに移動できる等）が手に入れられるよう，必要な環境を整えてきました。都市は，このようなより良い暮らしに向けた人間の環境に対する働きかけの積み重ねによって成り立っています。今日，世界各地にある大小の都市には，人口の55％程度が暮らしており，2050年までに70％近くに達するものとみられています（国際連合広報センター，2020）。

先に示した成り立ちからなる都市は，どのような要素から構成されているでしょうか。都市を構成する基本的な要素は，図7－1のように整理できます。都市を構成する要素は，大きく都市をつくりそこに暮らす主体（人間・社会）と，主体の暮らしが営まれる場である環境に分けられます。環境は，

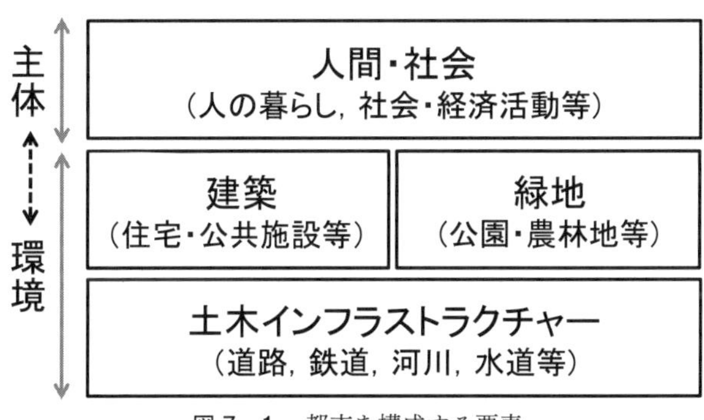

図7－1　都市を構成する要素

主体の働きかけにより作り出されてきました。主体は，環境の状態によって，ものやサービスを手に入れられる一方，手に入れられない（例：食べ物を買うお店が近くにない）こともあります。このように主体と環境は，相互に影響しあう関係にあるといえます。さらに環境は，大きく3つの要素に分けられます。第1は，道路，鉄道，河川，水道等の土木インフラストラクチャー（以下，インフラ）と呼ばれるものです。第2は，住宅等の建築物や市町村役場・病院・図書館等の公共施設であり，そして第3が公園・農林地等の緑地です。

このうち本章において取り上げる緑地は，ドイツ語のGrünfläche（グルンフラッシェ）の訳語です。訳したのは，1921年から1943年にかけて，内務省の都市計画技師であった北村徳太郎（当時）です。

緑地の定義は，様々な法律のなかで検討されてきました。緑地に相当する土地は，恒川（2005）がまとめた緑地の定義を踏まえると，図7－2の通りに定義できます。すなわち緑地は，非建ぺい地（建築物が建てられていない土地）（定義1）から，交通用地（道路・線路等）（定義2）を除いた土地のうち，良好な自然環境が被覆する（定義3）土地と，定義できます。さらに緑地の定義には，先の定義にくわえて，本来の目的が空地である永続的なもの（定義4）があります。緑地の定義には，定義3を除いたものが使わ

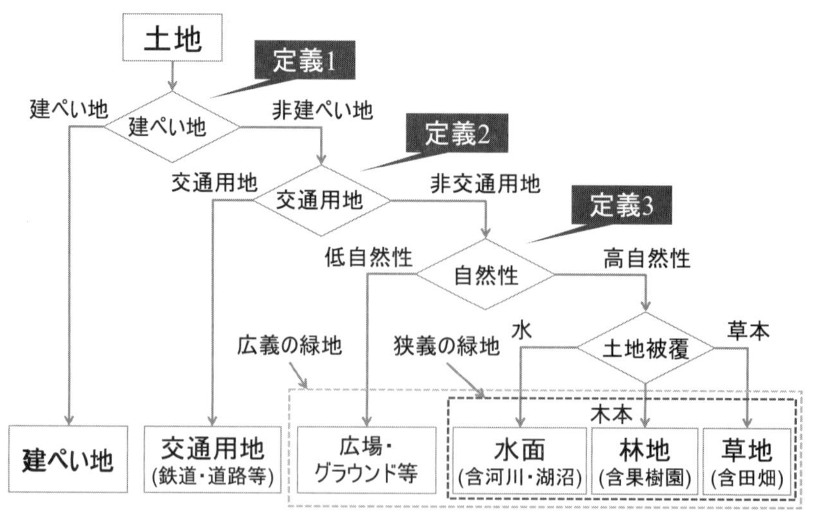

図7－2　緑地の捉え方（恒川（2005）をもとに作成）

れることがあります。定義３を除く緑地は広義の緑地，全ての定義を含む緑地は狭義の緑地といえます。

定義をみても緑地は必要なことが何となくわかるものの，そこから暮らしに必要なものやサービスを受け取っていることを感じる機会が少なく，都市を構成する要素として，なぜ必要なのかをはっきりと説明することが難しい側面があります。しかし近年緑地は，レジリエントな社会の形成に寄与することが，理解されつつあります。

本章では，第２節において都市緑地がレジリエントな社会の形成にどのように寄与するかを説明します。そして第３節では，代表的な都市緑地である都市公園と街路樹に着目し，形成の経緯と果たしてきた役割を論じます。第４節では都市緑地がレジリエントな社会の形成を妨げる可能性があることを説明し，第５節ではレジリエントな社会の構築に向けて都市緑地を活用するための方策を考察します。

第２節　レジリエントな社会の形成に寄与する都市緑地

緑地が果たす役割を説明する枠組みに関しては，これまでに様々なものが提案されてきました。代表的な枠組みとしては，「機能」が挙げられます。緑地の機能は，通常，環境保全機能と呼ばれ，都市に緑地が必要なことを示す根拠として使われることが多いです。

それでは，緑地にはどのような機能があるのでしょうか。緑地の主要な環境保全機能は，各種文献の整理と有識者による判断から，下記の９種にまとめることができます（横張・渡辺編集，2012）。

１）生物・生態系保全機能

様々な生物種の生息を保護し，生態系全体の安定性を維持する機能

２）水保全機能

雨水や河川水を貯留し，水の急激な流出を防ぎ，地下水脈へ水を供給する機能。農地を対象とした場合は，水質を浄化する機能を含む

３）景観保全機能

郷土感を醸成し，季節変化の指標となる地域の景観を保全する機能

4）保健休養機能

レクリエーションや教育，自然とのふれあいの場としての機能

5）微気象緩和機能

風や温度，湿度等の急激な変化を緩和し，強い日射を遮る機能

6）居住環境保全機能

騒音を防止し，プライバシーを守る機能

7）大気保全機能

大気中の汚染物質を除去し，酸素・二酸化炭素量を調節する機能

8）土保全機能

土壌浸食や斜面の土砂崩壊を防止する機能

9）食料・バイオマス生産機能

農作物やバイオマス（木材等の再生可能な，生物由来の有機性資源であり，化石資源を除いたもの）を生産する機能

上記の枠組みを用いた日々の行動に対する説明からは，私たちが十分な自覚がないなかで緑地から暮らしに必要なものやサービスを日常的に受けていることがわかります。たとえば，公園を横切る時には，公園の自然と触れ合うことにより，公園から保健休養機能というサービスを受けているといえます。またふとしたきっかけから外にひろがる庭に目を向けた時には，視覚を通じて庭の季節変化（花が咲いている等）を感じることにより，庭から景観保全機能というサービスを受けているといえるでしょう。

緑地は，樹木，草等の植物等をはじめとした多くの生物（生物群集）から構成されています。これらの生物は，様々な関わりを通じて多種多様な関係を持っています。多種多様な関係としては，たとえば，食べる—食べられる関係（捕食関係）や，樹木が実を鳥に与えて種子を運んでもらうといった必要なものを交換する関係（共生関係）等が挙げられます。生態系とは，ある一定の範囲内における，生物群集と生物に影響を与える生物群集以外の要素（光・水等）とそれらの間にみられる関係の集合のことを指します。

生態系は，人間・社会が生活する上で必要不可欠なものを提供しています。こうした現象を把握するための枠組みとしては，生態系サービスと呼ばれる

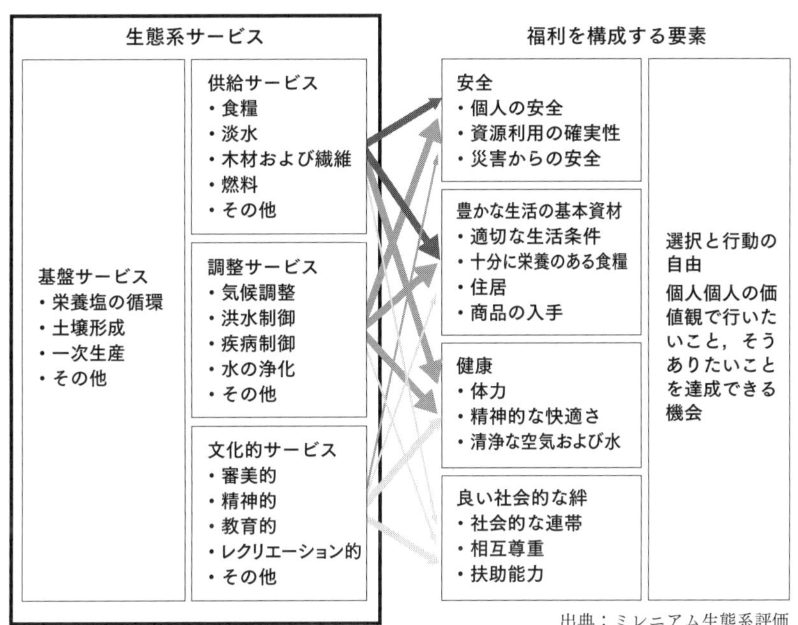

図７－３　生態系サービスの捉え方
（小野・一ノ瀬編集（2021）をもとに作成）

ものがあります。生態系サービスは，地球環境の科学・客観的な評価に向けて，2001年から2005年にかけて国連が主導して実施したミレニアム生態系評価（Millennium Ecosystem Assessment; MA）において，生態系を評価する枠組みとして，使われました。

ミレニアム生態系評価では，生態系サービスを，供給サービス，調節サービス，文化的サービス，基盤サービスの４種類に分けています（図７－３）（小野・一ノ瀬編集，2021）。

上記のサービスが緑地においてどのように発揮しているかについて，緑地の一つである都市のなかにある農地（都市農地）を例に説明します。わが国の都市には，市街地と農地が明確に分けられていることが多いヨーロッパの都市とは異なり，市街地と農地が混在する地域が多くみられます（図７－４）。基盤的サービスが発揮されている都市農地は，生産される農作物の

図７－４　市街地と混在する農地（撮影：筆者）

供給を通じて，資源の供給サービスを発揮しています。たとえば，都市農地で生産される農作物は，食品の安全性に高い関心をもたれるなか，安全かつ安心な農作物として，都市住民から高く評価されるようになっています。また水が張られた水田は，水によって冷やされた空気が周辺に流れ込むことにより，夏の暑さを和らげています。農地は，災害が発生した時の避難場所あるいは非常時における食料の提供の役割が期待されており，自治体のなかには農家と協定を結んでいる場合があります。このように農地は，調節サービスを発揮しているあるいは発揮することが期待されています。都市農地のなかには，市民農園と呼ばれる，都市住民が農作物栽培に従事できる場として整備されているものがあります。こうした場所は，農作物栽培を通じた生き物あるいは人との触れ合いにより感動・楽しみ・学びが得られるため，文化的サービスが発揮されているといえるでしょう。

近年，こうした生態系サービスを意識したレジリエンスを含む持続可能な社会の形成に役立つ環境や計画は，グリーンインフラと呼ばれています。グリーンインフラは，「自然が持つ多様な機能を賢く利用することで，持続可能な社会と経済の発展に寄与するインフラや土地利用計画」と定義されています（グリーンインフラ研究会，2017）。

先ほど取り上げた公園，庭，都市農地は，自然が持つ多様な機能が利用されているといえ，グリーンインフラの一つといえます。

一方で，道路，鉄道，河川，水道等の主として人工構造物から構成されたインフラは，グリーンインフラと対比させるために，グレーインフラと呼ばれることが多くなりました。

グレーインフラとの比較からみたグリーンインフラの主な特徴としては，大きく２点挙げられます。第１は，多面性です。グリーンインフラは，都市農地の説明において示した通り，１つの空間において多くの生態系サービスが同時に発揮されます。一方，グレーインフラは，設計時に想定された役割のみが発揮されることが多いです。ただし発揮が想定された役割に関しては，強く確実に発揮されることが多いです。第２は，環境に与える負荷の大きさです。自然を活かすグリーンインフラが環境に与える負荷は，環境を大きく変えずに整備されることが多く，少ないです。それに対して，グレーインフラが環境に与える負荷は，人工構造物の整備によって形成されるため，大きくなることが多いです。また，これらを整備する際に必要な材料の調達は，材料の生産から移動に至るまでに整備場所以外の環境にも大きな負荷を与えることが考えられます。

このようにグリーンインフラの一つといえる都市緑地は，環境に大きな負荷を与えることなく生態系サービスを発揮することにより，レジリエントな社会の形成に寄与する空間の一つといえます。

次節では，代表的なグリーンインフラの一つといえる都市公園と街路樹を取り上げ，形成された歴史と果たしてきた役割を説明します。

第３節　都市緑地の形成と果たしてきた役割

(1) 都市公園

都市公園がはじめて誕生したのは，西欧の都市においてです。18世紀後半に発生した産業革命は，都市に工場の発生と人口の急増をもたらしました。工場の発生と人口の急増は，工場に由来する大気・水質汚染や住宅の過密化により，都市の衛生環境を急激に悪化させました。都市公園は，急激に悪化した都市の衛生環境を改善するための装置として，都市に導入されたものです。

わが国において都市公園が誕生するきっかけとなったのは，1873年に明治政府から府県に対して発せられた公園設置に関わる布達（太政官布達）で

図７－５　諏訪公園（長崎県長崎市）（明治中期頃）
出典：「幕末・明治期日本古写真コレクション」
（長崎大学附属図書館所蔵）

す。同布達は，三大都市（東京，京都，大阪）等の人口の多い地域において，景勝地，旧跡等といった「群集遊観の場所」として親しまれた無税の土地を公園とするために，発せられました。具体的には，公園にふさわしい場所を各府県に調査・選択してもらい，図面を添えて申し出させるものです。明治政府が進めた欧化政策（日本の文化・制度等を西洋化することにより，西欧諸国に文明国であることを示すための政策）の一つといえる布達が発せられた背景には，官民の土地所有区分の明確化の推進もあったともいわれています。この布達により公園となった多くの空間は，もともと古くから野外レクリエーションの場として親しまれ公園的な機能を有していました。たとえば，長崎県初の公園である長崎公園（設置時の名称は諏訪公園）は，明治維新後に廃寺となっていた安禅寺境内等の諏訪神社に隣接する一帯を使って，開設されました（図７－５）。

その後，東京をはじめとする主要都市では，近代的な都市に変えるために，都市計画的な観点から新たに公園が整備されるようになりました。その始まりの取り組みといえるものは，東京において1884年から本格的にはじまった「市区改正」（今の「都市計画」に相当する言葉）設計です。公園については，西欧の都市の取り組みを参考に，人口や面積等にもとづき，整備すべき箇所数と配置が示されました。しかし同設計により新たに整備された公園は，財政難だったこともあり，ごく少数（例：日比谷公園（最初の本格的な近代洋風公園）等）に止まりました。さらに，東京の取り組みを全国に広めるために1919年に制定された旧都市計画法では，公園が都市施設の一つに位置づけられました。同法制定後の1923年に発生した関東大震災では，公園が，後述する通り避難場所・延焼防止等に大きな役割を果たしました。震災復興後には，こうした実績を受けて，防災等の観点から公園を系統的に配置する計画が検討されました。1933年には，公園設置をめぐり培われた経験にもとづく「公園計画標準」が内務省通達として全国に周知されました。同標準には，公園の分類（児童，近隣公園等５種別），種別ごとの規模，誘致距離（標準的な利用圏として定める距離のこと），配置の方針等が示されており，公園の計画的な整備に貢献しました。

公園は，第２次世界大戦後の戦災復興等をきっかけとして，その数が増えていきました。しかし公園の設置・管理等に関する法律は，定められていませんでした。そのため，法律の不備が原因となった，公園の存続や利用に関わる問題が発生しました。それは，公園の改廃です。具体的に公園は，1945年から1955年にかけて，163ヶ所，306.5haが消失しました（田代・坂本・田畑，1996）。また公園のなかには，住宅や学校等の公園とは直接関係しないものが建てられたケースがみられました。1956年には，公園の改廃から公園を守り，都市公園の設置及び管理に関する統一的な基準にもとづく公園整備に向けて，「都市公園法」が制定されました。現在の都市公園は，おおむねこの法律のもとで設置・管理がなされています（以上，小野・一ノ瀬編集，2021等）。

それでは，具体的にどのような考えにもとづいて，都市公園が整備されてきたのでしょうか。図７－６は，都市公園の配置の模式図です。大きな特徴としては，都市住民が公平に使えるように，面積，誘致距離，そして目的に応じて複数の種類の公園が配置されてきたことが挙げられます。具体的に，面積が小さい公園（例：街区公園等）は，公園のすぐ近くに住む人々の利用を想定して配置されています。その一方で，面積が大きな公園（例：近隣公園等）は，すぐ近くに住む人々とともにより広い範囲の人々の利用を想定し

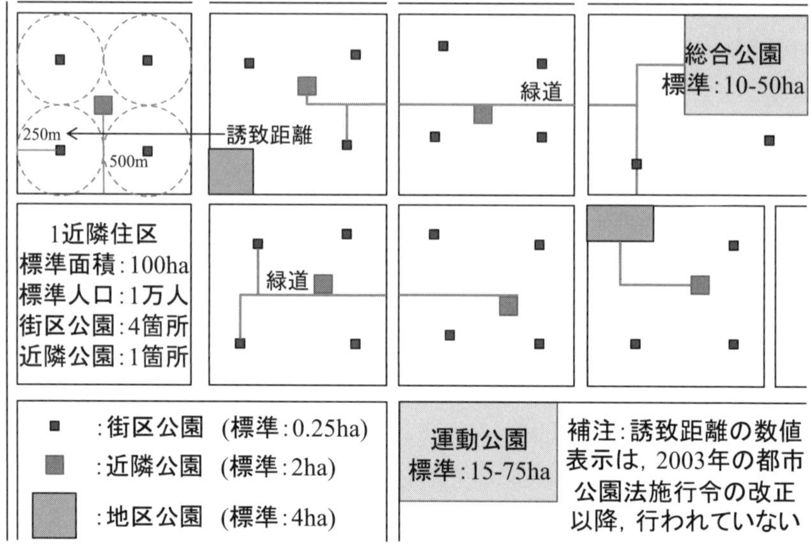

図７－６　都市公園・緑道の一般的な配置の模式図
（小野・一ノ瀬編集（2021）をもとに作成）

て配置されています。そのため，面積が大きな公園の数は，面積が小さな公園と比べて少なくなります。実際に，同図には，１つの近隣住区に，街区公園が４ヶ所，近隣公園が１ヶ所，示されています。面積が大きい公園は，設置できる施設の種類が多くなり，多種多様な利用ができます。災害時における避難路を確保し日々の暮らしの快適性を高める上では，公園の間を緑道によって結ぶことがあります。

1960年の都市公園等の整備面積は14,323haでしたが，2020年には128,246haと約9.0倍に増加しました。１人当たり都市公園等の面積も，1960年が約2.1㎡だったのに対して，2020年が約10.7㎡と約５倍に増えており，法律において定められた目標（10.0㎡）をほぼ満たしています（国土交通省都市局，2022)。

都市公園は，前述した通り，災害による被害を減少させ，復旧・復興の推進において大きな役割を果たしてきました。

関東大震災では，約10万５千人近くの死者・行方不明者が発生しました。そのうち約９割は，火災が原因だといわれています。火災は，当時，強風が吹いていたこともあり，旧東京市の約40％近くを焼失させました。広場・林地等の緑地は，人々による消火活動とともに調節サービスに相当する延焼防止機能を発揮することにより，鎮火に貢献しました。また公園をはじめとする都市緑地は，多くの人々に避難場所として利用されました。しかし面積が狭く樹木が少ない都市緑地では，避難者及び持ち込んだ荷物への飛び火による火災が発生し，多くの方が亡くなりました。関東大震災後の東京では，これらの経験にもとづく計画のもと，空地に樹木が植栽された公園が整備されました（藤井，2019)。1995年１月17日に発生した阪神・淡路大震災においても，都市公園が延焼防止機能を発揮しました。図７－７は，大国公園（神戸市長田区）です。この写真からは，公園の背後にある市街地がほぼ燃えておらず，道路と公園が延焼を食い止めたことがわかります。延焼防止には，消火活動にくわえて公園に植栽されていた常緑性高木（クスノキ）と公園周辺の道路が大きな役割を果たしていたとされています（山本・早川・鈴木，1997)。さらに都市公園は，復旧・復興時においても様々な役割を果たしました。具体的には，避難者の受け入れ，救援物資の保管と分配，給水所・仮設トイレの設置，救急・救援組織の活動拠点，自衛隊の駐屯地，がれき置き場等，復旧・復興の段階に応じた多様な活用がなされました。

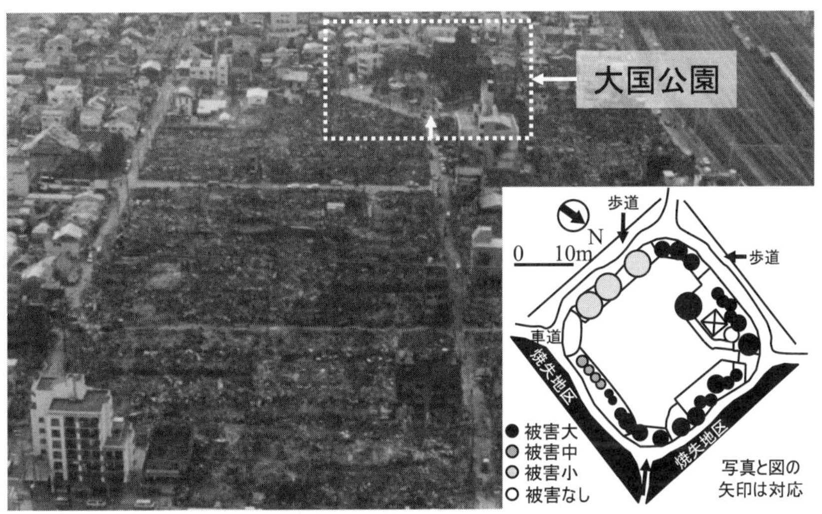

図７－７　阪神・淡路大震災時の大国公園（神戸市長田区）の状況
（写真は神戸市，公園の平面図は山本・早川・鈴木（1997）から作成）

図７−８　都市公園における避難状況
（平成中央公園（熊本市南区））（撮影：筆者）

2016年４月14日に発生した熊本地震において都市公園は，延焼防止機能を発揮する機会こそ少なかったものの，復旧・復興にこれまでの災害と同様の役割を果たしたことが調査によりわかりました。都市公園は，本震後に強い余震が頻発し建物内で生活することに不安を感じる人々の避難場所となりました（図７−８）。地元の方による車止め開放や駐車誘導は，自動車による車中泊を可能にさせていました。都市公園に整備されていた備蓄倉庫，耐震性貯水槽，マンホールトイレ，かまどベンチ等の防災施設は，活用されていました。特に維持管理活動等を通じて普段からよく利用されていた都市公園では，防災施設を活かした復旧・復興に関わる活動の場としてよく使われ，平時における公園利用の重要性が改めて示されました。

（2）街路樹

街路樹に相当する植栽は，平城京に植樹されていたことにはじまり，古くから行われていました。近代的な街路樹がはじめて整備されたのは，横浜等の外国人居留地といわれています。その後，明治政府は，1873年に，欧化政策の一環として整備した銀座煉瓦街において，クロマツとサクラから成る街路樹を整備しました（図７−９）。当初，使われていた樹種は，江戸時代の往還並木等にもみられる昔から植栽されていたものでした。しかしクロマツとサクラは，劣悪な生育基盤と管理の悪さもあり，生育が悪くやがてシダレ

図７−９　銀座煉瓦街における街路樹の植栽状況
（「東京名所京橋銀座通里煉化石瓦斯燈景ノ図」歌川広重（三代）作）

ヤナギに植え替えられました。

東京市では，1906年に，強く剪定した後にみにくい樹形となることの多いシダレヤナギに代わる樹種による植栽整備を進めるために，「東京市行路樹（街路樹のこと（筆者注））改良按」を出します。同報告書では，植栽すべき樹種として，スズカケノキ・ユリノキをはじめとする近代的な街並みになじみやすい外来種が提案されました。これ以降の街路樹整備は，提案された樹種を用いて，対象区間において，同じ樹種を同じ形に仕立てて，それらを等間隔に植栽する形式が主流となり，定着していきます。

1919年に制定された道路法の街路構造令では，街路樹の整備が法律において規定されました。具体的には，道路を，交通機能が中心の道路と交通機能にくわえて電線・上下水道等の公共インフラ配置と衛生環境の維持に寄与する街路にわけています。このうち街路では，車道と歩道を区別し，歩道に通行に支障を来さない範囲内において「並木」を植えられるとするものです。1923年に発生した関東大震災では，街路樹が公園と同様に，災害による被害を少なくすることに大きな役割を果たしました。震災復興後には，東京において４列並木の行幸道路をはじめとした街路樹を活かした街路整備が進められ，地方都市においても同様の取り組みが行われるようになりました。

第２次世界大戦後は，戦災復興により多くの都市において広い幅員の並木道がつくられました。その一方では，自動車の増加や財源不足により，街路樹の整備が停滞した上に，道路建設によってかつて整備された街路樹が消失する事態が発生しました。しかし1970年代には，騒音・大気汚染等を契機とした環境問題に対する関心の高まりを受けて，騒音・大気汚染を改善する手段としての「緑化」に対する関心が高まります。関心の高まりは，1973年の「第７次道路整備五箇年計画」における道路整備の重要課題としての「緑化」の明記や，1976年の「道路緑化基準」における生活環境の改善を志向した「緑化」の基準等の対応を生み出し，この頃から街路樹が急激に増えました。近年の道路整備においても，1994年の道路審議会答申において道路が「人とくらしを支える社会空間」と位置づけられ植樹帯確保の必要性が示される通り，豊かなくらしに役立つ街路樹等による緑化が求められ，整備が進められています（以上，藤井，2019；渡辺，2000等）。

上記の経緯を経て整備された街路樹（樹高３m 以上）の総数は，2017年３月31日現在，約670万本といわれています。最も総数が多かった都道府県は，北海道であり，次いで東京都，兵庫県，愛知県，大阪府の順となっていました。北海道が多いのは道路総延長距離が長いからであり，それ以外の都府県が多いのは道路交通量と歩行者が多く，街路樹の果たす役割を活かした積極的な緑化が行われたからと考えられます。道路延長あたりの本数が最も多かった都道府県は，沖縄県でした（飯塚・舟久保，2019）。これは，暑さをしのぐための緑陰の形成と観光地としての演出の必要性が高かったからと考えられます。街路樹整備の状況は，地域の特徴によって，異なっているのです。

街路樹は，都市公園と同様に，延焼防止機能の発揮を通じて災害による被害を減少させたことが，多くの現場で確認されてきました。阪神・淡路大震災においては，建物倒壊を防止した事例もみられました。近年では，熱中症の多発にみられる通り，都市の高温化が問題となっています。街路樹の樹冠は，直射日光を遮ることにより，炎天下における人々の通行を快適なものにしてくれます。街路樹によって形成された涼しい環境は，クールスポットと呼ばれ，高温化がすすむ都市において必要不可欠な要素といわれています。街路樹は，良好な道路景観の形成のみならず，災害による被害を軽減し，都市の高温化に適応した環境の形成に寄与する等，調節サービスに相当する多面的な役割を果たしているのです。

第４節　レジリエントな社会形成と「負」の生態系サービス

都市公園と街路樹がこれまでに果たしてきた役割を発揮し続けるためには，ある一定量の植物（樹木）を，道路や市街地等の人々がよく使う人工環境に近接させることが必要です。

人工環境に近接した環境は，植物にとって必ずしも生育に適した環境とはいえません。街路樹は，電線，看板，交通信号等の空中施設，自動車，歩行者，そして共同溝等の地下施設と競合することが多いです。大きく生長した街路樹のなかには，地下施設との競合と植栽基盤に収まりきれなくなったことにより，根が歩道の舗装や縁石等を持ち上げる「根上がり」を発生させ，歩道をがたつかせて，安全な通行を妨げることもあります。

近年，植物管理に関わる予算は，社会保障関係や老朽化した公共施設への対応等に対する経費の増加にともない，減少している，あるいは減少することが想定されます。予算の減少は，年３回実施していた剪定・点検作業が年１回に変わるといった，植物管理の回数を少なくさせます。管理回数の減少により，枝・幹の腐朽や病虫害による樹勢の衰退に十分な対応がされていない樹木のなかには，植栽基盤の悪さもあいまって，台風・竜巻等による強風によって，落枝・倒木し，自動車や歩行者に対して損傷を与えているものがみられています。

枝が広がり多くの葉が繁る樹木は，人々に，緑陰を形成するといった好ましい影響をもたらす一方で，好ましくない影響ももたらします。

街路樹においては，車道や歩道に枝葉が侵入することで，衝突等の事故を発生させます。あるいは，信号，標識，照明等を隠す，見通しを悪くさせることにより，交通安全に支障を来します。

公園においては，樹木が隣接する道路や市街地からの見通しを悪くさせることがあります。犯罪を予防する環境の設計手法の一つに，防犯環境設計と呼ばれるものがあります。同設計の４つの基本原則（接近の制御，被害対象の強化・回避，領域性の強化，視認性の確保）のなかの視認性の確保は，周囲からの見通しと照明を確保することによって，犯罪を企てる者が人に見られる可能性がある環境をつくるという原則です。周囲からの見通しを悪くす

図７-10　強剪定された街路樹（つくば市）（撮影：栗田英治）

る樹木は，視認性の確保を損なわせて，犯罪が発生しやすい環境を作り出している可能性があります。

枝が広がり多くの葉が繁る樹木には，虫が生息していることがあります。また近年では，生息地の消失等により，都市に適応したムクドリ等の鳥が樹木にねぐらを形成し，騒音と糞の落下が発生している場合があります。そしてこれらの樹木からは，落ち葉が発生します。樹木の管理者の多くは，虫の発生，鳥による騒音と糞，そして落ち葉の管理に対する地域住民からの苦情の対応をめぐり，苦労しています。人工環境に近接した場所にある樹木は，人々にとって好ましくない影響をもたらすことがあるのです。生態系サービスの点からいえば，「負」に相当する生態系サービスを発揮することがあるといえるでしょう。

このような樹木のなかには，樹木が原因となる事故を未然に防ぎ，地域住民の心理的な負担を軽くするために，多くの枝葉が剪定（強剪定）された，あるいは伐採されたものがみられるようになりました（図７-10）。しかしながら，行き過ぎた対応がとられた都市公園と街路樹では，これまでに説明した調節サービスに相当する役割を発揮することが難しくなり，レジリエントな社会の形成に十分に貢献できない空間となる恐れがあります。

第5節　緑地を活用したレジリエントな社会構築に向けて

都市の構成要素の一つである都市緑地は，資源の供給，環境の調節，そして文化の創造等に役立つ生態系サービスを発揮しており，人間のより良い生活に寄与していることが考えられます。実際に，災害による被害を減少させ復旧・復興を推進させる場として使われる等，レジリエントな社会の形成に役立ってきました。しかし人工環境に近接した場所にある樹木は，落枝・倒木により自動車や歩行者を損傷させ，鳥による騒音や落ち葉の管理による地域住民に対する心理的負担をもたらしたために，強剪定・伐採されたものがみられます。

都市緑地を活かしたレジリエントな社会の形成に向けては，人口減少・高齢化や整備・管理に使える予算の縮小に対応するために，これまでに果たしてきた役割の著しい後退を招かない程度の樹木の強剪定・伐採にみられる緑地の再編が必要です。たとえば，都市公園に関しては，多くの地域において，施設の再編及び公園の統廃合が検討されています。その際には，レジリエントな未来の社会に必要な緑地の姿をよく検討した上で，緑地を再編する方法を決めることが欠かせません。一方では，人の手が入ることで成立する都市緑地が期待される役割を果たすためには，適切な管理が必要です。予算の縮小に対応した管理を実施するうえでは，これまで管理に関わっていない人・組織が関わることが求められます。近年では，この方向を進める取り組み(例：アダプトプログラム（まち美化プログラム）・Park-PFI（公募設置管理制度（公園の整備を行う民間の事業者を公募し選定する制度））等）がみられるようになっています。

何よりも重要なことは，人々が緑地の価値を理解することです。地域住民の苦情の対象であった落ち葉は，かつては堆肥の材料や火をおこす材料として欠かせないものであり，生活にとって必要不可欠なものと理解されていた時代がありました。都市緑地があることのデメリットよりもメリットに対する認識を高めるためには，緑地の価値を実感する機会が必要です。都市緑地の管理に多くの人や組織が関わることは，緑地の価値を実感する機会の創出に役立つことが期待されます。

人が緑地の価値を理解し，緑地にどのように関わるかは，都市緑地を活かしたレジリエントな社会の構築にとって，重要なことといえます。

引用文献

飯塚康雄・舟久保敏：「全国の街路樹における種類と本数の現況と推移」『樹木医学研究』23（2），2019年

小野良平・一ノ瀬友博編集：『造園学概論』朝倉書店，2021年

グリーンインフラ研究会編：『決定版！グリーンインフラ』日経 BP 社，2017年

国際連合広報センター：「人口構成の変化」，https://www.unic.or.jp/activities/international_observances/un75/issue-briefs/shifting-demographics/（2022年2月27日閲覧）

国土交通省都市局：「都市公園等整備の現況等」https://www.mlit.go.jp/crd/park/joho/database/t_kouen/（2022年2月27日閲覧）

田代順孝・坂本新太郎・田畑貞寿：「公園緑地整備制度における個別手法の段階的拡充と総合化のプロセス」『千葉大学園芸学部学術報告』50，1996年

恒川篤史：『緑地環境のモニタリングと評価』朝倉書店，2005年

藤井英二郎：『街路樹が都市をつくる 東京五輪マラソンコースを歩いて』岩波書店，2019年

山本晴彦・早川誠而・鈴木義則：「震災における公園緑地の延焼防止機能と樹勢回復」『農業土木学会誌』65（9），1997年

横張真・渡辺貴史編集：『郊外の緑地環境学』朝倉書店，2012年

渡辺達三：『「街路樹」デザイン新時代』裳華房，2000年

第8章
豪雨や台風による災害リスクと避難行動

吉田 護

第1節　気候変動リスクの緩和策としての防災・減災

リスク概念は様々な分野で用いられていますが，国連国際防災戦略事務局はリスクを「事象の（発生）確率とその負の帰結の組み合わせ」と定義しています（UNISDR, 2009）。その上で，災害リスクを規定する要因には，ハザード，暴露（エクスポージャ），脆弱性（ヴァルナラビリティ）の3つがあります。ハザードは，地震や津波，洪水，高潮，地すべりや土石流，がけ崩れなどの自然現象を表します。暴露とは，ハザードの脅威にさらされている対象であり，人や資産（建物など）を指します。脆弱性とは，ハザードに対する暴露の抵抗力の程度であり，脆弱性が高いことはその抵抗力が小さいことを意味します。ハザード空間分布と暴露の空間分布が重なり，かつ，その脆弱性が高いときに災害が発生します。

図8－1は，IPCC（Intergovernmental Panel on Climate Change，気候変動に関する政府間パネル）が示す気候変動リスクの捉え方の概念図です。気候変動リスクへの対策は，緩和策（mitigation）と適応策（adaptation）に分類されます。

温室効果ガスの排出や土地利用の変化（森林地域の減少など）に伴う地球温暖化の進展により，豪雨の増加や台風の巨大化を招くことが種々の研究から明らかになっています。こうしたハザードの激甚化を和らげるための対策は，気候変動リスクの緩和策として位置づけられます。一方で，住民の居住地を誘導・規制するなど，ハザードと暴露の空間的重なりを減らしたり，堤防等の整備や住宅のかさ上げなど暴露の脆弱性を低めたりする対策もあります。人的被害を免れるための住民の避難行動を促す取り組みもあります。こ

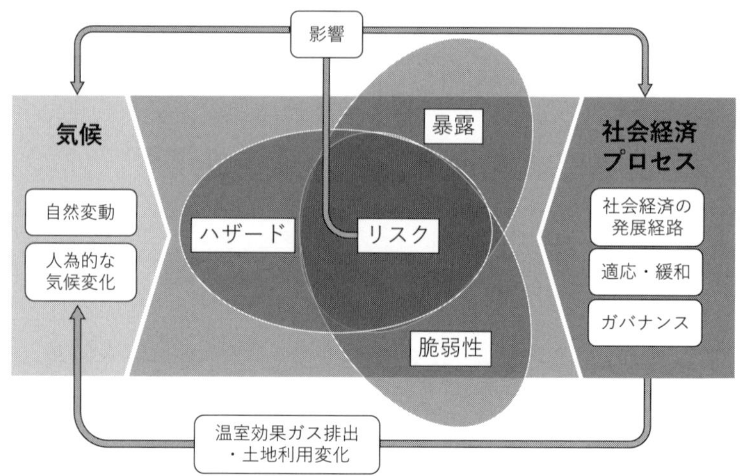

図８－１　気候変動リスクとそれを構成する要素
（IPCC（2014）に基づき作成）

れらは気候変動リスクの適応策として位置づけられ，一般的に防災・減災対策といわれるものは気候変動リスク対策の枠組みの中では適応策として捉えられます。

以下，第２節において近年の豪雨や台風のハザードの特徴を紹介します。続く第３節では，豪雨や台風によって発生する洪水害と土砂災害，台風によって生じる高潮災害について近年の発生傾向をまとめています。第４節では，こうした自然災害の発生が懸念される場所を地図にまとめたハザードマップについて，ハザード毎の特徴やハザードマップ確認時の留意点をまとめています。最後に，第５節では，豪雨や台風の脅威が近づいた際に発表・発令される情報の種類とそれに対応した避難行動のあり方についてまとめています。

第２節　豪雨・台風の近年の発生傾向

はじめに近年の国内の豪雨の傾向についてお示しします。気象庁による雨の区分（気象庁「雨の強さと降り方」）では，１時間雨量が50-80mmの雨は「非常に激しい雨」，80mm 以上の雨は「猛烈な雨」に分類され，50mm 以上で傘が役に立たず，水しぶきであたり一面が白く視界が悪化，車の運転も危険となります。図８－２に１時間降水量50, 80mm 以上の年間発生回数（全国のアメダスの観測地を1,300地点あたりに換算した値）の経年変化をそれぞれ示しています。全国の１時間降水量50mm 以上の平均年間発生回数は，1976–1985年の期間で約226回であったのに対して，2012–2021年では約327回と約1.4倍に増加しています。また，80mm 以上の平均年間発生回数は，1976–1985年の期間で約14回であったのに対して，2012–2021年では約24回と約1.7倍に増加しており，こうした極端な大雨の増加傾向は統計的にも確認されています。

続いて，国内の台風の近年の傾向についてお示しします。はじめに，気象庁による台風の定義ですが，熱帯低気圧の中心付近では強い風が発生しており，10分間の最大風速が17.2m/s を超えた「熱帯低気圧」は「台風」へと名称が変わります。図８－３に過去の台風の発生，接近，上陸回数を時系列でまとめています。なお，接近回数とは，台風の中心がそれぞれの地域のいずれかの気象官署等から300km 以内に入った回数を表しています。発生，接近，上陸回数ともに1950年代以降ではそれらの増加，減少傾向は確認されていません。

なお，今後の降雨や台風の将来予測について（文部科学省，気象庁，2020），

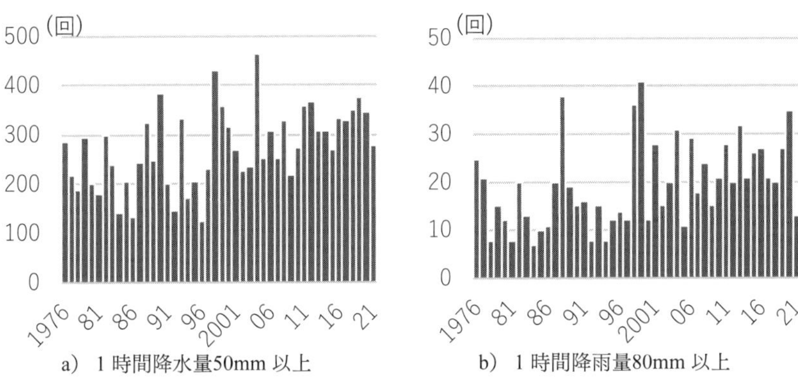

図８－２　１時間降水量50, 80mm 以上の年間発生回数の傾向
（気象庁「大雨や猛暑日など（極端現象）のこれまでの変化」より筆者作成）

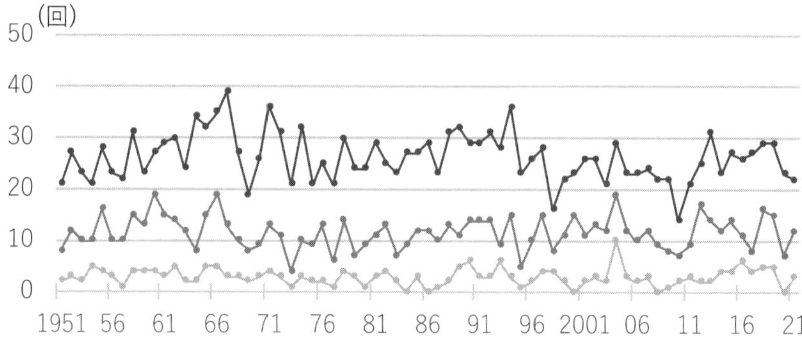

図８－３　台風の発生、接近、上陸回数の推移
（気象庁「台風の統計資料」より筆者作成）

全国平均では大雨や短時間強雨の発生頻度や強さは増加するが，雨の降る日数は減少すると予測されています。また，台風については日本付近の台風の強度は強まると予測されています。地域的な予測については不確実性が高いこともあり確実なことは言えませんが，こうした予測も踏まえて，今後，豪雨や台風に関する自然災害への備えや対応を充実していくことが求められます。

第３節　水害・土砂災害・高潮災害の近年の発生傾向

豪雨や台風によって発生する自然災害として，洪水害，浸水害，土砂災害があります。さらに，台風はこれらに加えて高潮災害ももたらします。以下ではその概要と近年の特徴を説明します。

はじめに，洪水害と浸水害について概説します。気象庁は，外水氾濫を「河川の水位が上昇し，堤防を越えたり破堤したりするなどして堤防から水があふれ出ること」，内水氾濫を「河川の水位の上昇や流域内の多量の降雨などにより，河川外における住宅地などの排水が困難となり浸水すること」と定義しています。外水氾濫は洪水害を引き起こし，内水氾濫が浸水害を引き起こす主な原因です。外水氾濫と内水氾濫が同時に発生して被害をもたらす場合もあります。

その上で，図８－４に水害による浸水面積と一般資産被害額の推移をまとめています。年によってばらつきはありますが，1960，70年代と比較して，2000年以降の浸水面積は比較的小さいことが読み取れます。一方で，被害額の推移からは明確な減少傾向はありません。第１節で示したように災害リスクの大きさはハザード，暴露，脆弱性の関係性によって決まります。浸水面積の減少は，長年一貫して進められている堤防や盛り土などの社会基盤整備の効果といえます。一方で，被害額に減少傾向が見られないことは，水害による浸水が想定される地域への暴露（人口や建物）が増加傾向にあることが一因となっています。

続いて，土砂災害について，それを引き起こす自然現象としては「土石流」，「がけ崩れ」，「地すべり」があります。気象庁は，「土石流」を「山腹，谷底にある土砂が長雨や集中豪雨などによって一気に下流へと押し流される現象」，「がけ崩れ」を「降雨時に地中にしみ込んだ水分により不安定化した斜面が急激に崩れ落ちる現象」，「地すべり」を「斜面の一部あるいは全部が地下水の影響と重力によってゆっくりと斜面下方に移動する現象」と定義しています。

その上で，図８－５に種類別の土砂災害の発生件数と死者・行方不明者数

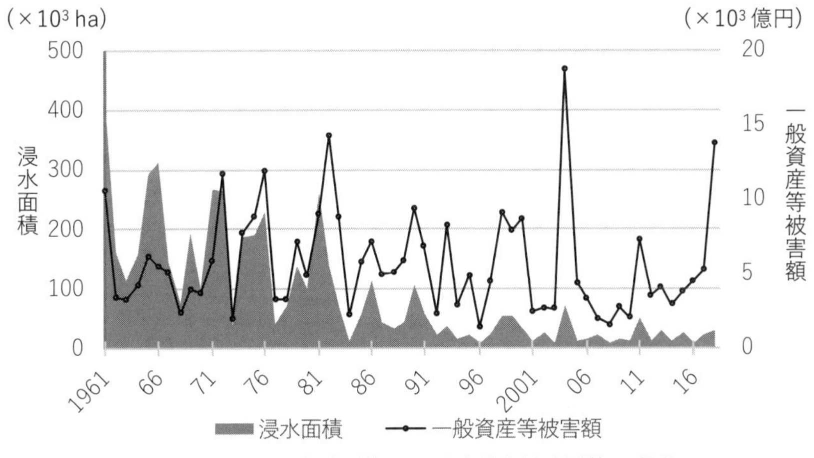

図８－４　浸水面積（左軸）及び水害被害額（右軸）の推移
（「河川データブック2021」より筆者作成）

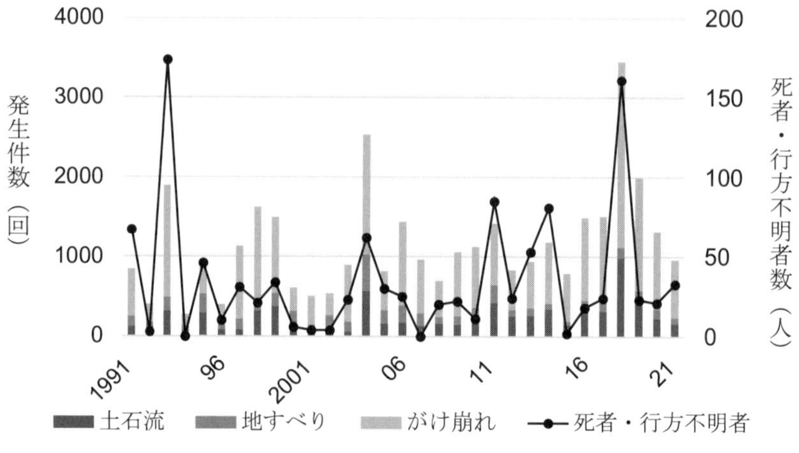

図８－５　土砂災害の発生件数と死者・行方不明者数の推移
（国土交通省の公開データより筆者作成）

の推移を示しています。土砂災害の種類の中では，がけ崩れの発生回数が最も多く，地すべりが最も少ないことが読み取れます。また，土砂災害は人的被害に直結しやすく，その発生件数と死者・行方不明者数は，大まかですが関係があることが読み取れます。その上で，1991年以降では，土砂災害の発生件数や人的被害に減少傾向は見られません。

最後に高潮災害について概説します。台風は洪水害や浸水害，土砂災害に加えて，高潮災害を引き起こす要因にもなります。高潮の発生は，台風による「吹き上げ効果」と「吸い上げ効果」の２つに分けて理解することができます。台風の中心付近は気圧が低く，１hPa（ヘクトパスカル）下がると海面が１cm 上昇する「吸い上げ効果」が生じます。１気圧は1013.3hPa であり，近年では台風の中心気圧が900hPa を下回る台風も発生しています。こうした台風では，中心付近が通常の海水面より１m 以上高くなっていることを意味します。また，台風に伴う風が沖から海岸に向かって吹くと，海水は海岸に吹き寄せられて海岸付近の海面が上昇します。これが「吹き寄せ効果」です。この「吸い上げ効果」と「吹き寄せ効果」による潮位上昇によって，海面の水位が護岸を超えることによって高潮災害が発生します。

表８－１に顕著な高潮災害の事例をまとめています。1959年の伊勢湾台風

表 8－1　人的被害を伴った高潮災害

発生年月日	主な原因	主な被害区域	死者・行方不明者（人）	全壊・半壊（戸）
1917.10. 1	台風	東京湾	1,324	5 万 5,733
1927. 9 .13	台風	有明海	439	1,420
1934. 9 .21	室戸台風	大阪湾	3,036	8 万 8,046
1942. 8 .27	台風	周防灘	1,158	9 万 9,769
1945. 9 .17	枕崎台風	九州南部	3,122	11万 3,438
1950. 9 . 3	ジェーン台風	大阪湾	534	11万 8,854
1951.10.14	ルース台風	九州南部	943	69,475
1953. 9 .25	台風13号	伊勢湾	500	40,000
1959. 9 .26	伊勢湾台風	伊勢湾	5,098	15万 1,973
1961. 9 .16	第 2 室戸台風	大阪湾	200	5 万 4,246
1970. 8 .21	台風10号	土佐湾	13	4,439
1985. 8 .30	台風13号	有明海	3	589
1999. 9 .24	台風18号	八代海	13	845
2004. 8 .30	台風16号	瀬戸内海	2	15,561
2004.10.20	台風23号	室戸	3	13

（国土交通省 HP「日本における主な高潮被害」より抜粋）

による高潮被害以降，高潮堤防などの整備が進んだこともあり，近年では当時の規模の人的被害は発生していません。しかし，2019年の台風第19号や2020年の台風第10号などは，上陸前に高潮災害が強く懸念されました。また，地球温暖化の進展により，台風は巨大化するといった研究成果もあります。地震に津波が伴うのと同様に，台風に高潮が伴う点は強く留意しておく必要があります。

第 4 節　ハザードマップ――浸水想定区域と土砂災害警戒区域――

(1) 災害種別のハザードマップの特徴

豪雨によって発生する自然現象（ハザード）には洪水や浸水，土石流やがけ崩れ等があります。台風では，これらに加えて高潮や強風も発生します。第 1 節で述べた通り，自然災害はハザードと暴露の空間分布が重なっているところで発生しますが，ハザードが発生しやすい場所を事前に想定できれば，様々な防災・減災対策に活用することができます。ハザードマップとは，こうしたハザードが顕在化する可能性が高い区域を示したものであり，避難に関する情報等もあわせて掲載することにより，自然災害による被害の軽減を目的として作成された地図を表します。

以下では，洪水害と高潮災害，土砂災害に関係するハザードマップに絞ってその特徴を説明します。

a）洪水・高潮浸水想定区域の指定

2015年の水防法の改正により，国，都道府県または市町村は想定し得る最大規模（想定最大規模）の降雨に対応した洪水浸水想定を行い，市町村はこれに応じた避難方法等を住民等に適切に周知することになりました。従来は，「計画規模」の降雨規模，すなわち10–100年に一度発生する降雨を想定して，洪水浸水想定区域が指定されていましたが，「想定最大規模」では1000年に一度発生する降雨を想定して浸水想定区域を指定することになっています。「計画規模」を超える降雨がしばしば観測され，「計画規模」の降雨想定による浸水想定区域の周知では不十分と判断される事例が発生したことが法改正の背景となっています。

また，法改正により，「家屋倒壊等氾濫想定区域」も指定されることになりました。これは一般の建築物が倒壊または流出する危険性が高い区域であり，洪水の危険性が高まった場合に自宅に留まることが極めて危険な区域となります。

同様に，2015年の水防法の改正に伴い，高潮による浸水想定区域についても自治体は最大規模の高潮の発生を想定して浸水想定区域を指定，住民に周知することが義務づけられました。想定する台風について，具体的には，既往最大規模の台風を想定（台風の中心気圧は室戸台風を，最大旋衡風速半径，移動速度は伊勢湾台風を基本とし，潮位偏差が最大となるように台風の経路を設定など）して高潮による浸水想定区域を指定することになっています。

b）土砂災害警戒区域の指定

土砂災害の危険性を示す区域として，土砂災害警戒区域（通称：イエローゾーン）と土砂災害特別警戒区域（通称：レッドゾーン）があります。土砂災害特別警戒区域は，土砂災害警戒区域のうち，土砂災害により住民等の生命・身体に著しい被害が生じるおそれがある区域です。従来，ハード対策（砂防堰堤などの整備）を目的として土砂災害危険個所（土石流危険渓流，急傾斜地崩壊危険箇所，地すべり危険箇所）の調査が実施されてきましたが，不十分な財源等によりその整備率は高くありません。こうした背景を受けて2000年に制定されたのが「土砂災害警戒区域等における土砂災害対策の推進に関する法律」(土砂災害防止法）です。この法律に基づいて，土砂災害警戒（特別）区域の指定がなされています。なお，2014年の法改正により，都道府県が実施した基礎調査の結果の公表が義務付けられました。それまでは基礎調査の結果，危険と判断されても，地域のイメージダウンを住民が懸念，反対により区域指定が進んでいない地域がありました。基礎調査結果の公表義務化は，こうした地域の区域指定を後押しすることに寄与しています。

(2) 実際の災害ハザードマップと確認時の留意点

図８−６は，長崎市を流れる中島川の洪水ハザードマップ（地図面）を示しています。想定最大規模の降雨下での洪水浸水想定区域や家屋倒壊等氾濫想定区域だけでなく，土砂災害（特別）警戒区域も示されています。また，指定緊急避難場所や指定避難所，警察，消防，災害拠点病院の位置も同時に地図上で示されています。一方で，裏の情報面には，自治体による避難情報の詳細や洪水時の避難の留意点だけでなく，1982年の中島川の氾濫による被害状況なども掲載されており，住民に実感をもって洪水の脅威を認識してもらうための工夫もされています。

なお，国土交通省では「重ねるハザードマップ」として全国のハザードマップ情報を地理情報システムで統合，公開しています（https://disaportal.gsi.go.jp/maps/index.html)。ハザード別にハザードマップが作成されていた時代もあり，その頃は自分自身がどのハザードの脅威にさらされているかを確認するのに手間がかかりました。こうした情報システムは，種々の浸水想定区域や土砂災害警戒区域，また指定緊急避難場所，指定避難所等を同時に表示できるだけでなく，空間的な解像度も関心に応じて変更できるという利点があります。インターネットの利活用に抵抗のない住民にとっては，災害の脅

図８－６　中島川の洪水ハザードマップ（地図面）
（長崎市：平成31年３月作成）

威を知るための非常に有用なツールです。

最後に，先に述べた通り，「想定最大規模」の降雨については浸水想定区域の設定が済んでいない河川があります。また，そもそも中小河川では浸水想定が行われていない河川も多くあります。さらに「想定最大規模」の降雨の規模以上の降雨が発生する可能性も否定はできません。同様に，高潮の浸水想定区域についても，過去の台風の規模より大きい規模の台風が発生してもおかしくはありません。このように，浸水想定区域内に自宅が立地していないことが，浸水被害の脅威にさらされていないことを意味するわけではありません。一般に，浸水想定区域に入っていないと安心しがちですが，ハザードマップ上の浸水想定区域は，あくまで種々の想定のもとで実施したシミュレーションの結果であり，その想定を超えるハザードが発生した場合は浸水想定区域を越えて被害が発生することになります。住民は，この可能性にも留意しつつ，自分自身がさらされている災害リスクを理解し，事前に避難先や避難開始のタイミングを検討しておくことが求められます。

第５節　防災河川・気象情報及び避難情報と避難行動

以下では，豪雨や台風が迫った際に気象庁が発表する情報（以下，防災河川・気象情報）と市町村が発令する情報（以下，避難情報）とそれに対して求められる避難行動を概説します。

なお，以下の防災河川・気象情報や避難情報の内容はあくまで執筆時点(2022年４月時点）のものです。本節の関連制度は頻繁に改定されており，制度改正に伴い知識や理解を更新していく必要がありますのでご留意ください。

(1）防災河川・気象情報

気象庁が発表する防災河川・気象情報について概説します。

はじめに洪水の危険性を知らせる情報には，「指定河川洪水予報」があり，その表題には，氾濫発生情報，氾濫危険情報，氾濫警戒情報，氾濫注意情報があります。ただし，この情報が発表されるのは，規模の大きい水位観測がなされている指定河川に限られます。一方で，水位観測のない河川（主に中小河川）では，洪水警報や大雨特別警報（浸水害）等から洪水の危険性を判断する必要があります。続いて，土砂災害の危険性を知らせる情報には，大雨特別警報（土砂災害）や土砂災害警戒情報があります。最後に，高潮の危険性を知らせる情報には，高潮氾濫発生情報，高潮特別警報，高潮警報があります。

また，指定河川洪水予報は河川単位，警報や特別警報等は基本的には市町村単位で発表されますが，洪水害，浸水害，土砂災害の危険度の空間分布を示した「キキクル（危険度分布）」も運用されています（https://www.jma.go.jp/bosai/risk)。黄，赤，紫，黒等の色で危険度を判断できるようになっており，自分自身がさらされている災害の脅威を空間的に知ることができます。私見になりますが，住民が災害の脅威の切迫度を知るための極めて有用な情報であり，その重要性は今後さらに高まっていくと考えられます。

(2）避難情報

近年，市町村が発令する避難情報は大きく簡素化が進みました。2021年

5月20日から，市町村が発令する情報は「高齢者等避難」，「避難指示」，「緊急安全確保」の3種類となりました。「高齢者等避難」は，避難に時間を要する方（高齢の方，障害のある方，妊産婦・乳幼児等）が避難行動を開始すべき目安となる情報であり，「避難指示」は全員が避難行動を開始すべき目安となる情報になります。「緊急安全確保」は既に災害が発生または切迫している状況であり，直ちに身の安全を確保すべき目安となる情報になります。なお，防災河川・気象情報は，物理的な基準に基づいて発表されますが，避難情報は，防災河川・気象情報や現地から入ってくる情報，地理的特徴や地域単位なども鑑み，市町村長が対象範囲も含めてその発令を判断します。

その上で，避難情報の発令に際しては，従来，避難情報を発令しても住民が避難しないことが課題視されてきましたが，近年では，避難情報の発令遅れや未発令による住民の避難遅れが課題視される事例も発生しています。過度に避難情報に依存するあまり，避難情報が発令されていない場合，自分はハザードの脅威にさらされていないと考えてしまいがちです。もちろん，避難情報が発令された場合には，適切な避難行動を取ることが求められますが，避難情報が発令されない場合においても避難行動をとれるように，防災河川・気象情報の理解度や発表状況への関心を高めておくことも必要です。

(3) 避難行動

令和3年の災害対策基本法の改正により，避難行動は，a）立退き避難，b）屋内安全確保，c）緊急安全確保，に明示的に分類されました。

「立退き避難」とは，浸水想定区域や土砂災害警戒区域，そのような区域に指定はされていないものの災害リスクがあると考えられる地域（中小河川沿い，局所的な低地，山裾等）の居住者等がその場を離れ，安全な場所に移動することを意味します。「屋内安全確保」とはハザードマップ等で自ら自宅・施設等の浸水想定等を確認し，上階への移動や高層階に留まること（待避）等を意味します。なお，「屋内安全確保」は土砂災害に対しては有効な避難行動として位置づけられていません。最後に，「緊急安全確保」とは，適切なタイミングで避難しなかった，できなかった等により，立退き避難を安全にできない状況に至ってしまったと考えられる場合に，身の安全を可能な限り確保するため，その時点でいる場所よりも相対的に安全な場所へ直ちに移動等することを意味します。

なお，豪雨，台風の脅威が迫っているときの避難行動はあくまで「立退き避難」が基本となります。例えば，先に示した「家屋倒壊等氾濫想定区域」や想定浸水深が自宅2階に達している場所（e.g. 想定浸水深が3.0m以上の場所）に居る場合には，「屋内安全確保」は不適切な避難行動です。また，浸水想定における浸水深や浸水継続時間の不確実性等から「屋内安全確保」，「緊急安全確保」はともに次善の行動とされています。

(4) 警戒レベルと避難行動

以上，豪雨や台風の脅威が迫った場合に発表，発令される防災河川・気象情報や避難情報，また，求められる避難行動の種類を概説しました。なお，これらの関係性は非常に複雑であり，その理解は容易ではありません。こうした背景から，2019年5月に「避難情報に関するガイドライン」が改訂され，防災河川・気象情報や避難情報は警戒レベルを付与して発表，発令され，望ましい避難行動が規定されました。警戒レベルは5段階あり，レベル1は今後気象状況悪化のおそれがある状況，レベル2は気象状況が悪化している状況，レベル3は災害のおそれがある状況，レベル4は災害のおそれが高い状況，レベル5は災害発生または切迫している状況を意味します。市民が取るべき避難行動の目安でもあり，それぞれレベル1は災害への心構えを高める，レベル2は自らの避難行動を確認する，レベル3は危険な場所から高齢者等は避難，レベル4は危険な場所から全員避難，レベル5は命の危険，直ちに安全確保！と位置付けられています。避難情報は「高齢者等避難」はレベル3，「避難指示」はレベル4，「緊急安全確保」はレベル5の情報であり，防災河川・気象情報もそれぞれ警戒レベル相当が定められています。このように警戒レベルを介して防災河川・気象情報や避難情報や避難行動を位置付けることによって，種々の情報に対する理解や感度が高め，適切な避難行動を促進することが期待されています。

以上，本節のここまでの記載内容を表8－2にまとめています。大変複雑になりますが，全員避難の目安となる警戒レベル4（災害時要配慮者の方の避難は警戒レベル3）を基準として，対応した防災河川・気象情報，避難情報，求められる避難行動の関係を理解すると，より実践的な知識になると思

表８－２　警戒レベル，避難行動，防災河川・気象情報，避難情報の関係性

警戒レベル	状況	住民が取るべき避難行動	行動を促す情報（避難情報等）
5	災害発生又は切迫	命の危険直ちに安全確保！	緊急安全確保
――警戒レベル４までに必ず避難！――			
4	災害のおそれ高い	危険な場所から全員避難	避難指示
3	災害のおそれあり	危険な場所から高齢者等は避難	高齢者等避難
2	気象状況悪化	自らの避難行動を確認する	洪水、大雨、高潮注意報
1	今後気象状況悪化のおそれ	災害への心構えを高める	早期注意情報

市町村は警戒レベル相当情報の他、暴風や日没時刻、堤防や樋門等の施設に関する情報なども参考に、総合的に避難指示等の発令を判断する

警戒レベル相当情報	住民が自ら行動をとる際の判断に参考となる防災河川・気象情報				
	洪水に関する情報			土砂災害に関する情報	高潮に関する情報
	水位情報がある場合	水位情報がない場合	内水氾濫に関する情報		
5相当	氾濫発生情報（危険度分布:黒）	大雨特別警報（浸水害）危険度分布:黒（災害切迫）		大雨特別警報（土砂災害）危険度分布:黒（災害切迫）	高潮氾濫発生情報
4相当	氾濫危険情報（危険度分布:紫）	危険度分布:紫（危険）	内水氾濫危険情報	土砂災害警戒情報 危険度分布:紫（危険）	高潮特別警報 高潮警報
3相当	氾濫警戒情報（危険度分布:赤）	洪水警報 危険度分布:赤（警戒）		危険度分布:赤（警戒）	高潮警報に切り替える可能性に言及する高潮注意報
2相当	氾濫注意情報（危険度分布:黄）	危険度分布:黄（注意）		危険度分布:黄（注意）	
1相当					

（内閣府「避難勧告等に関するガイドライン」より一部加筆・修正して筆者作成）

われます。

(5) 住民の実際の避難行動（令和元年台風第19号）

最後に，近年の台風災害時の筆者らの調査結果をご紹介します。図８－７に令和元年台風第19号時の避難行動をまとめています。結果として，避難行動を取った回答者は全体の約８％に過ぎません。避難した人の避難先は40%を超える住民が自宅２階へ，すなわち，「屋内安全確保」行動を取り，残りの住民は「立退き避難」を実施，その約半数は自治体が指定する避難場所等へ避難していました。また，防災河川・気象情報や避難情報の取得と避難のきっかけについて，防災河川・気象情報の取得率は，大雨警報，大雨特別警報が高く，指定河川洪水予報（氾濫警戒情報と氾濫危険情報），土砂災害警戒情報の順でした。ただし，大雨特別警報を除けば，総じてその取得率は50%を下回っており，そもそも情報を取得していなかった住民も少なくないことが分かります。また，土砂災害警戒情報や氾濫危険情報は，警戒レベル４相当の情報であり，全員避難することが推奨されていますが，これらの情報が避難のきっかけとなったとする回答者の割合は，情報取得者の５割を下回っています。次に，避難情報について（令和元年台風第19号時は「避難勧告」と「避難指示（緊急）」；現在は「避難指示」で一本化），「避難勧告」は約50%，「避難指示（緊急）」は約75%の回答者が情報取得していました。その上で，「避難勧告」は全ての住民が避難行動を開始すべき目安となる情報ですが，情報取得者の中で避難のきっかけとなったとする回答者の割合は約50%に留まっています。

最後に，「呼びかけ」情報について，その取得者の割合は，防災河川・気象情報や避難情報と比較すると高くはありません。ただし，情報取得者の中で避難のきっかけとなったとする回答者の割合は，他の情報と比較して低くはありません。これは，「呼びかけ」情報も避難行動のきっかけとなる重要な情報源であったことを意味します。

以上の結果は，防災河川・気象情報のみ，避難情報のみ，のように特定の情報のみに依存して避難行動を促進することには限界があることを示唆しています。今回の事例ではその取得率はさほど高くありませんが，「呼びかけ」が避難行動に大きく寄与したことを示す既存事例は多くあります。また，「周

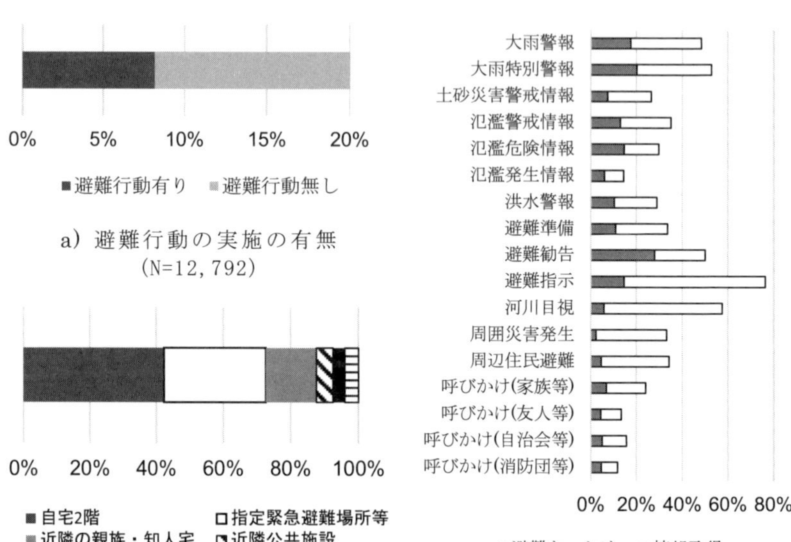

a）避難行動の実施の有無
（N=12, 792）

b）避難行動実施者の避難先
（N=1, 048）

c）情報取得率と避難のきっかけ
（N=1, 048）

略）避難準備：避難準備・高齢者等避難開始，避難指示：避難指示（緊急）

図８－７　令和元年台風第19号時の住民避難行動

注）2020年３，６月に岩手，宮城，山形，福島，茨城，栃木，群馬，埼玉，千葉，東京，新潟，山梨，長野，静岡の都県の住民を対象にインターネット調査を筆者含む研究グループが実施，総計は20,002件，浸水想定区域／土砂災害警戒区域と重なりのある郵便番号区域の回答者で，集合住宅の２階以上の居住者は除いて分析を実施

りの人が避難するなら私も避難しよう」といった避難動機を示す調査結果も多くあります。個人レベルでは防災河川・気象情報や避難情報に対する理解を深めることが大切ですが，地域レベルではハザードの脅威が近づいていることを住民間で共有し，周囲を巻き込んで避難するように地域で備えておくことも重要な取り組みとなります。

最後に，豪雨，台風の災害リスクは決して他人事ではありません。毎年のように発生する被害に対して読者の意識も高まっているのではないでしょうか。ひとりひとりがわが事として，適切な知識に基づいて適切に対応することが求められます。本章の理解がその礎となれば幸いです。

参考文献

気象庁：雨の強さと降り方，https://www.jma.go.jp/jma/kishou/know/yougo_hp/amehyo.html（2022年2月28日アクセス可）

気象庁：大雨や猛暑日など（極端現象）のこれまでの変化，https://www.data.jma.go.jp/cpdinfo/extreme/extreme_p.html（2022年2月23日アクセス可）

気象庁：河川，洪水，大雨浸水，地面現象に関する用語，https://www.jma.go.jp/jma/kishou/know/yougo_hp/kasen.html（2022年2月28日アクセス可）

国土交通省：日本における主な高潮被害，https://www.mlit.go.jp/river/kaigan/main/kaigandukuri/takashiobousai/03/index.html（2022年2月23日アクセス可）

内閣府（防災担当）：避難情報に関するガイドライン（令和3年5月改定，令和4年9月更新）

長崎市：中島川洪水ハザードマップ，https://www.city.nagasaki.lg.jp/bousai/210002/p004103_d/fil/nakashimakawa_tizu.pdf（2022年2月23日アクセス可）

農林水産省農村振興局整備部防災課ほか：高潮浸水想定区域図作成の手引き，令和3年7月

水管理・国土保全局：2021河川データブック，令和3年7月

文部科学省，気象庁：『日本の気候変動 2020 ― 大気と陸・海洋に関する観測・予測 評価報告書 ―』（詳細版），2020年

IPCC: Climate Change 2014: Impacts, Adaptation, and Vulnerability. Part A:Global and Sectoral Aspects. Contribution of Working Group II to the Fifth Assessment Report of the Intergovernmental Panel on Climate Change [Field, C.B., V.R. Barros, D.J. Dokken, K.J. Mach, M.D. Mastrandrea, T.E. Bilir,M. Chatterjee, K.L. Ebi, Y.O. Estrada, R.C. Genova, B. Girma, E.S. Kissel, A.N. Levy, S. MacCracken, P.R. Mastrandrea, and L.L. White（eds.）]. Cambridge University Press, 2014.

UNISDR: 2009 UNISDR terminology on disaster risk reduction, 2009.

第 9 章
地方公共団体に期待される役割

菊池英弘

第 1 節　地域レジリエンスの向上に関する地方公共団体の役割

レジリエントな地域社会を構築するためには，大気や水などの自然環境を構成する要素を健全な状態に保つことのほか，快適であるとともに災害に強い都市を計画的に構築すること，さらには気候変動による影響に備えることなど，多角的な視点から施策を検討し，実施していくことが必要です。

また，それぞれの地域の自然的・社会的・経済的な条件は全国一様ではないため，それぞれの地域の特性に応じてレジリエンスを高めていく施策を検討・実施していくことが必要と考えられます。

地域レジリエンスの向上には，それぞれの地域の経済社会活動の担い手である地域住民，企業，NPO などの多くの主体が関わり得ます。その中でも特に，多角的な視点から，地域特性に応じた対策を検討・実施する主体としては，従来から地域社会の様々な課題に取り組んできており，また財政力や条例制定権を有する地方公共団体が最も大きな役割を果たすと言えるでしょう。

ただし，だからといって地方公共団体が独断専行で地域社会のあり方を決めることは適切とは言えず，地方公共団体が地域レジリエンスに関連する諸施策を進める際には，地域住民，企業，NPO などの地域の担い手の意見を十分に反映することや，大学などの研究機関との連携を取ることも重要であり，地域レジリエンスの向上に向けた政策立案過程の中で，いわゆる市民参加や産学官連携を確保することも必要と考えられます。

そこで本章では，以下，まず地方公共団体とその役割について概観するとともに，地域住民の理解を得ながら地熱資源を利用する必要性が高まっていることを説明します。

そのうえで，雲仙市における地熱資源利用の事例をとりあげ，地域レジリエンスの向上に関する地方公共団体の役割について考えることとしましょう。

第２節　地方公共団体とその権能

(1) 地方公共団体とは

地方公共団体は，日本国憲法に基づく地方自治の主体です。一般的な用語として，地方自治体という言葉もあり，厳密な区別なく用いられることがあります。地方自治法が，地方公共団体の種類，権能等を定めており，普通地方公共団体（都道府県，市町村）と，特別地方公共団体（特別区（都の区），地方公共団体の組合，財産区，地方開発事業団）とがあります。

日本の国土は原則として普通地方公共団体におおわれ，都道府県は「市町村を包括する広域の地方公共団体」，市町村は「基礎的な地方公共団体」とされています。

都道府県知事，市町村長は，住民が直接選挙します。また，都道府県や市町村の議会の議員（地方議会議員）も住民の選挙によって選ばれ，これらの議会は条例を制定する権限を持ちます。

(2) 地方公共団体の条例制定権

国会議員によって構成される国会が国の法律を制定するように，条例は，地方議会が制定する地方公共団体の自主立法と言われ，その地方公共団体の所管する事務全般に適用されます。

条例制定権には，法律に違反しない限りにおいて制定できるという限界がありますが，条例違反に対する制裁として罰則を設けることができると考えられており，地方自治法は，「条例に違反した者に対し，二年以下の懲役若しくは禁錮，百万円以下の罰金，拘留，科料若しくは没収の刑又は五万円以下の過料を科する」ことができると規定しています（地方自治法14条３項)。

私たちの日常生活の中では，例えば市町村が水道による給水，廃棄物の処理，公園の管理といった住民サービスを行っていますが，それだけではなく，都道府県や市町村はその地域の環境や経済社会に悪影響を及ぼすおそれのある活動を規制する条例を制定して取り締まるような仕事を行う権限が与えられているわけです。

第 3 節　地熱資源の利用と地域的な合意の重要性

(1) 地熱資源利用の重要性

化石燃料の消費等に伴う CO_2 などの温室効果ガスの排出により，異常気象の多発など様々な影響が世界各国で生じており，温室効果ガスの排出削減が世界共通の差し迫った重要な課題となっています。

特に日本では，2011年の東日本大震災の際に起こった福島第一原子力発電所の爆発事故の後，原子力発電所の発電比率が低下し，その代替電源を石炭，石油などの化石燃料に依存せざるを得ないなかで，CO_2 を排出しない再生可能エネルギーへの期待が高まってきました。

さらに日本は，2050年までに温室効果ガスの排出を実質上ゼロとする方針，いわゆるカーボンニュートラルを宣言し，再生可能エネルギーの主力電源化を目指すことにしています。

また，再生可能エネルギーは，原子力発電所や石炭火力発電所のような大規模な発電施設を要しないため，自然災害発生時の非常電源としての利用や，地場産業への導入など，地産地消が可能な地域分散型エネルギーとしての活用も見込まれています。

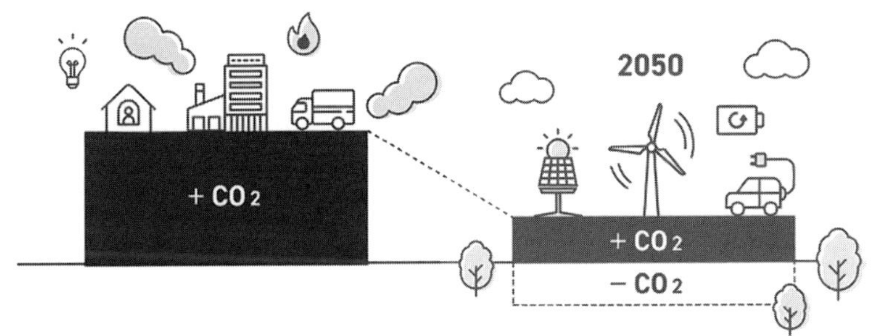

図 9－1　カーボンニュートラル
出典：環境省「環境省　脱炭素ポータル」

再生可能エネルギーには，太陽光，風力，地熱などが挙げられ，太陽光発電用のソーラーパネル，風力発電用の風車は，比較的普及が進み，長崎県内や九州各地でも見られるようになってきました。

(2) 地熱発電の現状

日本各地に温泉が湧出しており，長崎県内にも雲仙温泉，小浜温泉のように多くの温泉があることからも分かるように，発電に利用可能な地熱資源は多数存在しています。1966年には岩手県の松川発電所が運転を開始し，九州には1967年から運転開始した大分県八丁原の大岳発電所などの事例がありますが，他の再生可能エネルギーと比較すると，発電のための地熱利用は進んできませんでした。

地熱発電事業が進んでこなかった理由としては，発電コストが高いこと，国立公園等の規制が厳しいこと，温泉関係者など地域住民の反対があることが指摘されていましたが，発電コストや国立公園等の規制については技術的，法律的ないし行政的に対処が進み，支障が取り除かれつつあります。

こうして近時，地熱発電事業を進めるうえでは，地域住民の理解を得て，地域的な合意を形成することが極めて重要な条件となってきています。このことは，地域での反対意見をなくすというやや消極的な意味で必要であるのみならず，地熱資源を地域の産業に活用したり，災害等の非常用電源として地域で活用したりすること等を通じて，地域レジリエンスの向上を目指すという積極的な意味でも必要なものと考えられます。

(3) 地域的な合意の重要性

地域住民がその地域の問題について意見を反映させる一般的な方法としては，首長や地方議員選挙の投票権を行使するような間接民主主義的な方法がありますし，住民投票のような直接民主主義的な方法もあります。

実際に，その地域における具体的な事業計画への賛否を争点として首長選挙が行われることもあります。選挙権を行使する場合にはいずれかの候補者を選ぶ形で，住民投票が行われる場合には論点に対する賛否を選ぶ形で，地域住民が自分の意見を反映させることが可能となります。

また，近時，大規模な開発事業，マンション建設など，住民の関心事となる事業について，その事業実施主体があらかじめ住民説明会を企画し，近隣の住民の参加を求めることも多く，地域住民が不明な点について質問したり，意見を表明したりすることができる機会を持つことがあります。

このような住民説明会の開催は，国の定める法律や，地方公共団体の定める条例に基づいて行われることもありますし，行政指導を受けた事業者が実施主体となって行う場合や，国や地方公共団体が実施主体となることもあります。

実際に，大規模な開発事業の計画が，地域住民の理解が得られずに頓挫してしまう事例も見られます。

以下，次節では，かつて一度は頓挫した地熱発電の導入の事業について，あらためて地域的な合意形成を図り，それに成功して実用に至った雲仙小浜温泉の事例について見ていくこととしましょう。

第 4 節　雲仙小浜温泉に関する事例
——小浜温泉バイナリー発電所の実証実験——

(1) 雲仙市の概要と特徴

長崎県雲仙市は，2005年10月，国見町，瑞穂町，吾妻町，愛野町，千々石町，小浜町，南串山町の 7 つの町が合併して発足しました。

長崎県の南東部，島原半島の北西部に雲仙普賢岳を取り巻くように位置し，わが国最初の国立公園である雲仙天草国立公園の重要な一角を占めています。

人口は2015年の国勢調査では約 4 万 4 千人で，産業別就業者数の割合から見ると，第一次産業の割合が長崎県平均の 3 倍と高く，農業地帯としての産業構造を有しています。

また，雲仙市は，全国有数の泉質と湯量を誇る雲仙温泉，小浜温泉を擁し，観光資源に恵まれた地域でもあります（雲仙市，2019)。

(2) 小浜温泉における地熱発電の構想と失敗

雲仙市の小浜温泉は，日本屈指の温泉資源に恵まれています。泉温は約100℃と高く，湧出量は休止井を含めると 1 日15,000 t と湯量も豊富です。

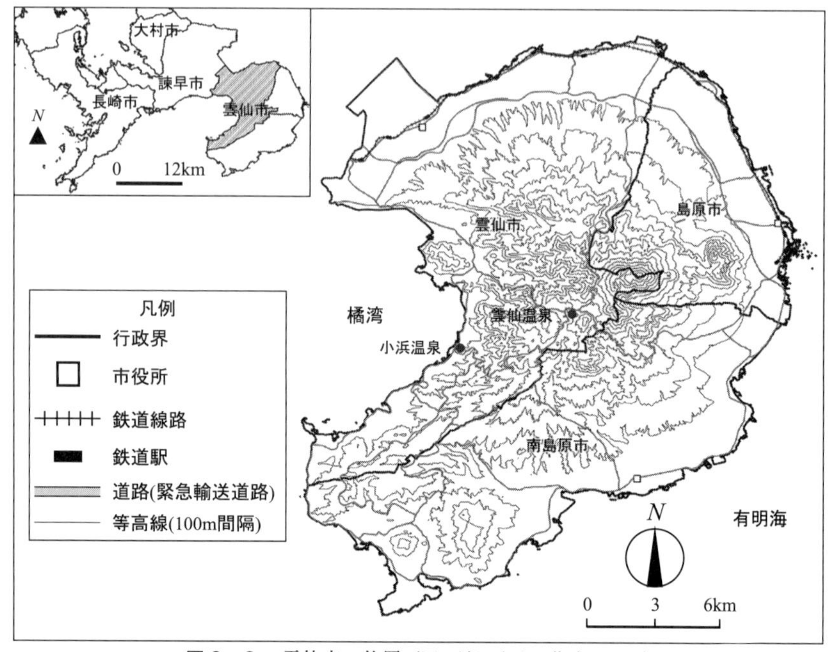

図９－２　雲仙市の位置（図は渡辺貴史の作成による）

このため，1980年代にはすでに，温泉として未利用の熱を電源とすることが着想されましたが，温泉への影響を懸念する住民から反対の声があがり，実施には至りませんでした。

2000年代にも地熱発電の構想が持ち上がり，2004年には小浜町（当時）が，構造改革特別区域法に基づき，環境適応型地熱資源利用を目指す「小浜総合自然エネルギー特区」（構造改革特別区域）計画の内閣総理大臣認定を受けたという経緯がありました。この時小浜町は，町内の源泉所有者に対する説明会を実施し，源泉所有者と温泉掘削に関する協定を結ぶなど計画の推進が図られましたが，行政区画としては同じ小浜町に属する雲仙温泉から温泉資源への悪影響を懸念する声があがり，やがて小浜温泉の源泉所有者も反対に転じたことから，構想は実施に至りませんでした（渡辺ら，2014)。

(3) 雲仙市の発足と地域の取り組み主体の発足

2005年に雲仙市が発足すると，同市は，2007年４月，長崎大学環境科学部，長崎県との三者で連携協定を締結し，持続可能な社会を目指すための協力体制を構築し，その後，長崎大学による「雲仙市地域新エネルギービジョン策定事業提案書」の提出を受けて，その実施のための検討を進めました。

特に，2010年からは，雲仙市が検討中の地域新エネルギービジョンについて，地域住民への説明・意見交換会，講座やシンポジウムの実施などの経緯を経て，2011年3月には，かつては地熱を利用する事業に反対していた地域住民も構成員となって，「小浜温泉エネルギー活用推進協議会」が設立されるに至りました。

また，温泉エネルギーの活用に向けた事業を進めるために，2011年5月には一般社団法人小浜温泉エネルギーが設立されました（渡辺ら，2014)。

このように，長崎県，雲仙市，長崎大学，小浜温泉エネルギー活用推進協議会，小浜温泉エネルギーなどの地域の関係諸主体が連携する態勢が整ったことは，小浜温泉における取り組みの特徴と言えるでしょう。

(4) 小浜温泉バイナリー発電所の設置と稼働

温泉熱利用は，使用する温泉温度によって利用できる技術や方法が異なります。近時，温泉熱によって発電を行うために多用されている技術として，バイナリー発電があります。

バイナリー発電は，地中の熱水などを用いて，水よりも沸点が低い液体（作業流体）を加熱し，これによって作られた高圧の蒸気によりタービンを回して発電を行うもので，水を作業流体とする従来の地熱発電よりも浅い地中の熱源を利用できることから，探査や掘削が容易となり初期投資負担が軽減される，とされています（環境省，2019)。

小浜温泉では，本節（2）に述べた構造改革特別区域計画の中でも温泉バイナリー発電の導入が検討されましたが，実現には至らなかった経緯があります。

その後，本節（3）に述べたように，地域の関係主体が連携する態勢が整ったことも手伝って，2011年11月には，環境省の行う実証実験を受託する形で，温泉バイナリー発電所を設置することとなりました。

この実証事業は，実際に小浜温泉にバイナリー発電所を設置し，稼働させることにより，温室効果ガスであるCO_2の排出削減効果や，採算性などを検

図９－３　小浜温泉バイナリー発電所

図９－４　発電所内部の発電機

（写真は，いずれも小浜温泉エネルギーの提供による）

証することを目的とした事業で，2013年４月から2014年３年まで実施されました（渡辺ら，2014）。

(5) 小浜温泉バイナリー発電所における実証実験の成果

小浜温泉バイナリー発電所の稼働は，小浜温泉における温泉熱発電の実用化に向けた大きなステップだったと考えることができます。実際に，この発電所の設備は，当初の実証実験期間（１年間）が終了した後は，民間企業に買い取られ，発電を続けています。

また，実証実験によって明らかになった問題点への対応も進みました。実証実験の最大の問題の一つが「湯の花」とも言われる温泉スケールです。温泉スケールは，温泉の成分が配管や熱交換器等に固着したもので，発電効率

図９－５　配管内部に固着した温泉スケール

（写真は，小浜温泉エネルギーの提供による）

を悪化させます。実証実験を開始する際の想定以上に温泉スケール問題は深刻で，発電実績は当初の予測を大きく下回ることとなりました。

このため温泉スケール対策技術の必要性が認識され，その後小浜温泉における実証実験を経て，温泉スケールを自動的に除去する機器が開発されるなど，問題解決に向けた取り組みが進んでいます。

第5節　温泉熱利用と温泉資源の保護の両立に向けた取り組み

(1) 温泉熱利用による地熱発電の普及と，温泉資源の保護の必要性

すでに第3節（1）で述べたように，日本は2050年カーボンニュートラルを実現することを宣言し，そのための対策の一つとして再生可能エネルギーの主力電源化を掲げています。これまで普及が進んでいなかった地熱発電についても，その利用促進が目指されています。

その一方で，温泉を熱源とした発電を行うことで，例えば源泉が枯渇したり，源泉の温度が低下したりするなどの悪影響が生ずるのではないかという懸念が，従来からの温泉利用者を中心に存在しているのも事実です。第4節で述べたように，小浜温泉でも，そのような懸念から，地熱発電の計画が進まなかったことがありました。

小浜温泉では，第4節で述べたように，地域の関係主体が連携する態勢がとられるようになり，地域住民の意見も反映した形で検討が進み，温泉バイナリー発電所の設置実現に至りました。

このような小浜温泉での経験と実績は貴重なものと考えられますが，今後，さらに地熱発電を推進しながら，同時に温泉資源を保護していくためには，そのことを目的とした一定の手続がルールとして明文化されていることが求められます。

このようなルールが国の法律として定められれば，日本全国で共通の手続に基づいて地熱発電が普及していくことが期待されますが，現在のところ，このような法律は制定されていません。

このため，近時，地方自治体が，地熱資源の保護と活用を目的とした条例を制定して，その地域における地熱利用のルールを定める取り組みが行われ

表9－1　地熱発電に関する条例の制定事例

制定年月日	条例名
2014年12月12日	南阿蘇村地熱資源の活用に関する条例
2015年3月26日	指宿市温泉資源の保護及び利用に関する条例
2015年10月5日	霧島市温泉を利用した発電事業に関する条例
2015年12月9日	小国町地熱資源の適正活用に関する条例
2015年12月18日	九重町地熱資源の保護及び活用に関する条例
2016年3月11日	別府市温泉発電等の地域共生を図る条例
2017年1月23日	弟子屈町地熱資源の保護及び活用に関する条例

るようになりました。2018年には経済産業省資源エネルギー庁が地熱発電に関する市町村条例ひな形を示してもいます（経済産業省，2018）。

近時制定された市町村条例の事例としては，表9－1のようなものがあります。

（2）雲仙市条例の制定

小浜温泉バイナリー発電所の設置は，第4節（3）で述べたように，雲仙市，地域住民，NPO，大学などの地域の関係主体が自主的に連携して，協議や意見調整を図ったことが功を奏した事例と考えられます。

このプロセス自体貴重な成功事例として評価されるべきと考えられますが，今後，豊富な温泉資源を有する雲仙市の区域内で，多くの発電事業者が地熱発電事業を構想するような事態になると，雲仙市は発電事業者に対してどのような取り組みを求めるべきか（例えば，雲仙市が事業計画を審査するのか），地域住民の参加はどのように行うのか（例えば，事業者に対して住民説明会の開催を求めるのか），発電事業者としてはどのような手続を行えば事業計画を進めることができるのかなど，事前のルール設定が重要となります。

このようなルールなしに，地域の関係主体が，事業の構想が持ち上がるたびに個別に対応することとなると，初期の小浜温泉の事態のように一部の地域住民の反対により構想が挫折したり，地域の関係者相互間に不信感が残るような，地域社会にとって望ましくない事態が生じるおそれがあります。

換言すれば，低炭素社会の実現と温泉資源の保護をともに実現するようなルールが制定され，そのルールに則って，行政，事業実施主体，地域住民などの関係諸主体による合意形成がなされ，地熱資源の活用が進むことが望ましいと考えられます。

雲仙市においても，2021年3月，「雲仙市地熱資源の保護及び活用に関する条例」（以下，「雲仙市条例」と表記します）が制定されています。

以下，雲仙市条例の制定の経緯とその内容の特徴について見ていくことにしましょう。

(3) 雲仙市条例の制定の経緯

すでに本章では，雲仙市と長崎大学との連携関係の構築について述べました。長崎大学は，継続的に雲仙市との協力を進めており，2020年5月，「地熱資源保護・活用に関する提言書」を雲仙市に提出しました。

この提言書は，雲仙西部地域の資源を保護・活用するため，全源泉の実態調査，温泉モニタリングによる泉質・泉温の変動状況の把握，温泉地域の地下構造の調査の必要性について提言したほか，地熱資源の保護・活用に関する条例の制定についても提言するものでした。

雲仙市は，この提言書を受けて，温泉に関する調査を行うとともに，2020年11月から長崎大学と共同して条例検討会を開始し，条例草案の検討を行いました。同年12月まで6回の検討会が開催され，その成果が雲仙市役所内でさらなる検討に付された後，「雲仙市地熱資源の保護及び活用に関する条例案」として翌2021年3月に雲仙市議会に上程され，可決されました。

(4) 雲仙市条例の概要

1) 雲仙市条例は，「地熱資源が地域の共有資源であるという認識の下，市内の地熱資源を保護するとともに，地熱資源の将来にわたる持続可能な活用並びに地域の産業振興及び公共の福祉の増進に寄与することを目的とする。」と規定し，地熱資源の保護と持続可能な活用を目的としています。
2) 発電事業者（市内で地熱資源を活用し，かつ，出力10kW以上の発電事業が該当します。）は，雲仙市長に事業計画を提出し，あらかじめ雲仙市長の同意を得なければならない，とされています。
3) 雲仙市長の同意が必要となる上記2）の事業計画の提出は，一度限りのものではなく，地熱発電事業の進捗段階に応じて，表9－2のように，①

表9－2　雲仙市条例における進捗段階と手続の流れ（雲仙市 HP）

段階	資源量調査 環境影響調査	県への 掘削申請	噴出試験等 地熱を汲み出すとき	発電設備の設置	発電事業 開始後	調査結果を 精査したとき	変更が生じた 場合
発電事業者	地元説明 事業計画提出	地元説明 事業計画提出	地元説明	地元説明 事業計画提出	必要書類提出	地元説明	地元説明 事業計画提出
市	諮問　同意検討	諮問　同意検討	確認	諮問　同意検討	確認	確認	諮問　同意検討
協議会	調査審議　答申	調査審議　答申		調査審議　答申			調査審議　答申

地熱資源賦存状況調査，②（温泉法に基づく）県への掘削申請，③発電設備の設置のように，地熱発電事業の節目ごとに提出が求められています。

4）　また，発電事業者は，上記の事業計画を雲仙市長に提出する場合などの複数の進捗段階に応じて，市その他関係者に対して，あらかじめ事業内容などを説明する機会を設けなければならない，とされています。

5）　発電事業者から提出された事業計画は，雲仙市条例に基づいて設置される「雲仙市地熱資源保護活用協議会」において調査審議されますが，その調査審議に当たって，雲仙市は，「地域住民及び関係機関と連携を取りながら，その意見を反映させるよう努める」ものとされています。

6）　雲仙市長は，発電事業者に対して，事業計画を提出するよう勧告したり，同意の条件に従うよう勧告することができますが，条例違反に対する罰則は規定されていません。

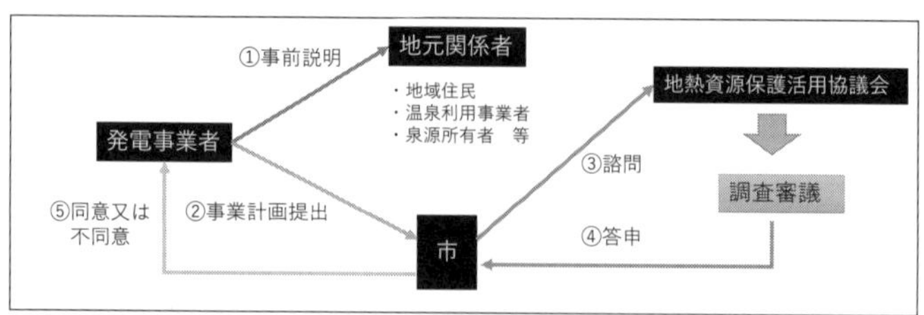

図9－6　雲仙市条例による同意取得のプロセス（雲仙市 HP）

(5) 雲仙市条例の特徴と限界

1）　雲仙市条例は，前述した市町村条例と共通する特徴を持っています。これらの市町村条例の多くは，市町村長の同意制を規定しており，市町村長が果たすべき役割が大きなものとなっています（なお，別府市の条例は，事業者と別府市長の事前協議を求める制度となっているほか，別府市長が一定の掘削を回避すべきエリアを「アボイドエリア」として指定することができると規定するなど，さらに特徴的な条例になっています（渡辺ら，2018））。

また，いずれの市町村条例も，協議会，審議会，委員会と名前こそ違いますが，学識経験者，地元の関係者等から構成される市長村長の諮問機関を置くこととしており，市長村長の判断を補助する仕組みを規定しています。

さらに，いずれの市町村条例も，発電事業を計画している事業者に対して，市町村の関係者への事業の説明を行うことを求めており，地域住民等の理解を醸成することを狙っているものと考えられます。

このように，雲仙市条例は，他の市町村条例と同様に，行政，事業実施主体，地域住民などの関係主体による合意形成を促進しつつ，最終的には市町村長の責任において地熱発電事業に同意するか否かを判断するルールであると考えることができ，地熱資源の保護と活用の両立を目指すために必要なものであると考えられます。

2)　一方で，雲仙市条例を含む各地の市町村条例には，共通の限界もあると考えられます。いずれの市町村条例にも違反に対する罰則が規定されておらず，仮に事業者が条例に従わない場合でも，市町村長が「勧告」という行政指導ができること，また，事業者が勧告に従わない事実について市町村長が「公表」ができること等が規定されるにとどまります。

もし仮に，事業者が市町村長の勧告に従わない場合には，市町村長の同意が得られず，あるいは同意が取消されますから，その地域の関係主体との合意形成は事実上困難なものとなります。また，事業者が勧告に従わないという事実が公表されれば，その事業者について事実上の不利益が伴う結果となるため，現実的な抑止力は働くと考えられます。

ただし一般には，勧告のような行政指導には法的拘束力はないものとされているため，これらの条例の規定を法律的に見た場合の実効性確保には限界があると考えられます。

(6) 雲仙市条例の適用の状況

雲仙市条例は，2021年3月から施行されています。このため，雲仙市の区域内で，地熱発電を目的として土地を掘削しようとする場合や，すでに掘削した温泉を用いて発電を行おうとする場合には，発電事業者は雲仙市条例に基づいて関係者への説明機会を設けなければならず，また，事業計画について雲仙市長の同意を申請しなければなりません。

2021年末時点では，一事業者が，関係者への説明実施を経て，地熱資源賦存状況調査の実施計画について雲仙市長への同意申請を行っている事例があります。

雲仙市条例に基づくと，地熱資源賦存状況調査が完了した後でも，進捗状況に応じて，地域関係者への説明と雲仙市長の同意申請が複数回必要となりますので，今後とも条例の求めるプロセスの進捗が注目されます。

第6節　地方公共団体に期待される主動性と先導性

本章では特に，小浜温泉における地熱発電の経緯，雲仙市条例の概要と運用について概観しました。

小浜温泉の事例からは，地域づくりに取り組むに当たって，その地域の関係主体が合意を形成することの困難さ，相互の理解促進の重要さを学ぶことができると思います。

またさらに，雲仙市が，長崎大学との連携協定の締結，幅広い関係主体との協働態勢の構築，条例の制定といった重要な役割を果たしてきていることも理解されると思います。

地方公共団体の取り組みには，地方公共団体であるが故の限界もありますが，その地域の住民，企業，NPOなど多様な主体の意見を聞きながら，多くの住民の希望に合致した，現実可能な政策を企画立案実施していく重大な任務に取り組んでいるものと言えるのではないでしょうか。

かつて日本国内で深刻な公害問題が発生した時代に，最初に対応したのは地方公共団体でした。その地域で発生している大気汚染，水質汚濁などに対応するために，国が法律を制定するよりも先に地方公共団体が画期的な条例を制定し，逆に，国の法律が地方の条例を参考にして立案，制定されたこともあります（北村，2021）。

地域レジリエンス向上のための取り組みは，地域の様々な条件に応じて異なってくると考えられ，地方公共団体がその地域の現実に直面しながら模索し，採用する施策には学ぶべき点が多いと考えられます。

参考文献

雲仙市：『第二次雲仙市総合計画』，2017年

環境省：『温泉熱有効活用に関するガイドライン』，2019年

環境省：『環境省脱炭素ポータル』https://ondankataisaku.env.go.jp/carbon_neutral/about/（2022年7月14日参照）

北村喜宣：『自治体環境行政法（第9版）』第一法規，2021年

窪田ひろみ・丸山真弘：『地熱発電開発に関する社会的動向調査』電力中央研究所報告V15010，2016年

経済産業省：『地熱発電に係る市町村条例ひな形の手引き』，2018年

芳賀普隆：『温泉バイナリー発電の活用における現状と課題—長崎県・小浜温泉を事例に—』長崎県立大学論集（経営学部・地域創造学部）52巻 3・4号，2019年

渡辺貴史・小林寛・馬越孝道：『大分県別府市における温泉発電の地域受容に係る条例の制定経緯と初動期の運用実態』ランドスケープ研究81巻5号，2018年

渡辺貴史・馬越孝道・小林寛：『温泉地における温泉発電事業と運営態勢との関係』ランドスケープ研究80巻5号，2017年

渡辺貴史・馬越孝道・佐々木裕：『長崎県雲仙市小浜温泉地域における温泉発電実証実験事業の成立過程の特徴』ランドスケープ研究77巻5号，2014年

第10章
災害に向き合う社会環境とは

黒田 暁

第1節　災間の社会に生きること

「天災は，忘れた頃にやってくる」――物理学者寺田寅彦の言葉（戒め）として，広く知られています（「天災と国防」1948年より）。しかし現代においては，もはや誰もが「災害を片時も忘れることができない」社会と時間のなかに生きている，と言えるでしょう。

2011年3月11日に東日本大震災が発生してから10年余りを数える間にも，世界と日本の各地で，地震やそれに伴う津波，豪雨災害など局所突発的な事象から，温暖化や気候変動など，地球規模で深刻化する環境問題まで，数多くの自然の脅威がもたらされました。さらに2022年現在，私たちはCOVID-19（新型コロナウイルス感染症）の世界的拡大という，目に見えず蔓延する未曾有の災厄の渦中にいます。災害とは，地震・津波など目に見えるかたちで襲来する現象と，それによる「被害」のみを意味するとは限りません。自然と社会をめぐる「災いごと」にあふれ，多くのリスクに晒される事態が続いている日常を，私たちはどのように受け止め，これから生き抜くことができるのでしょうか。

ここまでの章では，おもに自然環境のもつレジリエントな側面に注目してきましたが，本章では，自然災害や，さまざまな「厄災ごと」から受ける衝撃（インパクト）に対して，人間社会はどのように対応しようとするのか，適応をはかることができるのか――いわば「社会の側のレジリエンス」について考えてみます。災害にたいするレジリエントな社会環境の対応のあり方を探り，またその形成のために何が実践できるのかについて，思案してみることにしましょう。

歴史学者の磯田道史は，日本の自然環境が多彩であり，人間社会がさまざまな恵みを受けてきたこと，しかしその反面，自然が「災害」というかたちでつねに荒ぶってきたことを振り返ります（中西・磯田，2019)。いまやひっきりなしに災害に見舞われる日本列島に生きる私たちは，まるで，襲ってきた災害と，その次の災害が発生するまでの時間を生きているかのようではないか，と指摘します。そこから，現在は「post（後)」東日本大震災から10年以上，ではなく，災いと災いの「between（間)」と捉えるべきではないかと主張しています。

社会学者の仁平典宏は，こうした「災間」ともいうべき世の中では，平時から非常時のことを考えることが重要になると指摘します。「災間」では，誰もが災害に遭う「前」にあり，また大きな損害をこうむった「後」にもなりうる可能性を持っていて，「厄災が何度でも回帰すること」を受け止めねばならない現実があるといいます。このことを「災間」の思考（仁平，2012）と表現しています。つまり，いまや「平穏無事であること」が当たり前の感覚ではなくなった現代社会では，つねに非常時のことを意識して，従来の考えとやり方を問い直し，他者と議論することから，私たちの平時のありようを変えてゆくことが求められているのではないかと，問い掛けています。その変化の内容と行く末を示す重要なキーワードとなるのが，「レジリエンス」です。

社会の側のレジリエンスという考え方には，もともと，第1章で述べられたように物理学の「外力による歪みを跳ね返す力」を起点として，さらに自然環境と人間社会の関係をめぐる研究分野で議論されてきた流れがベースとなっています。具体的には，自然もしくは人為的な災害などのとても大きな変動（攪乱といいます）が発生した場合に，生態系や人間社会のシステムまたは組織が弾力的に復元する能力，と定義されてきました（たとえばHolling, 1973; Marten, 2001)。

その後レジリエンスは，「弾力性」，「復元性」，「回復力」などと邦訳されて，その意味内容が広がってきました（図10－1)。たとえば，個人が困難や脅威を感じるような，衝撃を受けた状況から立ち直り，適応しようとするプロセスや能力のこともレジリエンスというようになりました（個の領域)。くわえて，レジリエンスを，個人を取り巻く周囲の環境と社会が互いに働きかけ

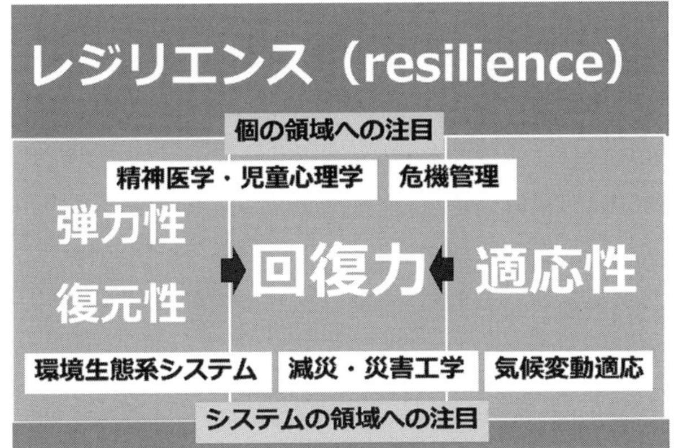

図10－1　レジリエンスの意味内容と領域
（筆者作成）

あい，影響を与えあう「相互作用」によって生み出されるシステムや，しくみであると捉える傾向もあります（システムの領域）。つまり，自然のもつ弾力性や復元性にとどまらず，人びと（組織や人間社会全体まで広く意味します）が災厄によって受けたダメージから立ち上がろうとするプロセス，さらに環境の大きな変化に対しても適応しようとするメカニズムにまで及ぶ，広い意味での回復（再生）力にかかわる「レジリエンス」に，いっそうの関心が寄せられるようになったのです。こうしてレジリエンスの概念や視点は，日本でも心理学や社会学，さらには生態学・地理学など幅広い分野で用いられ，活発に議論・展開されるようになりました。

第 2 節　「復興」を目指すとはどういうことか

現在，レジリエンスに注目が集まる理由としては，とくに近年，想定外の災害や災厄が次々に発生し，科学的な予測可能性に限界があること，さらに，私たちを取り巻く環境をめぐる持続可能性を脅かすさまざまな問題が存在し，そこで社会の脆弱性（Vulnerability）が露わになってきたことなどが挙げられるでしょう。脆弱性とは，当該社会（地域）のもともとの構造やシステムがもつ「脆さ」であり，災害による「被害」の発生を引き起こしたり，誘発したりする要因とされます。たとえば同じ災害でもなぜ，地域ごとの「被害」の大きさに格差があったり，その拡大化・深刻化に差異が生じたりするのかについて，社会的・経済的・政治的要因が生み出すシステムや構造が根本的に抱える「脆弱さ」に注目する考え方です。とくに災害の非常時には，平時には見えづらかった地域や社会の脆弱性が顕在化する一つの機会になりやすいと言えます。

災害や災厄が頻発し，ますます複雑化していく現状と，社会の脆弱性がもたらす「被害」と受けたダメージにどう対応し，そこからの回復（再生）をはかるのか。矢ヶ﨑（2019）では，「災害に伴う地域社会の適応過程モデル」として地域復興のレジリエンスが示されました。

図10－2は，災害前の地域社会が，津波災害という攪乱を経験し，避難，復旧，復興の段階（不安定領域）を経て，新しい平衡状態へと変化していく中で，地域社会の再編・更新が試みられる，というものです。ここで重要なのは，災害前から災害後にかけて，人と環境の関わりは時間の経過とともに，つねに変化していくことです。つまり地域復興によって回復させようとする地域のコミュニティや景観とは，被災以前とまったく同じものが復元される

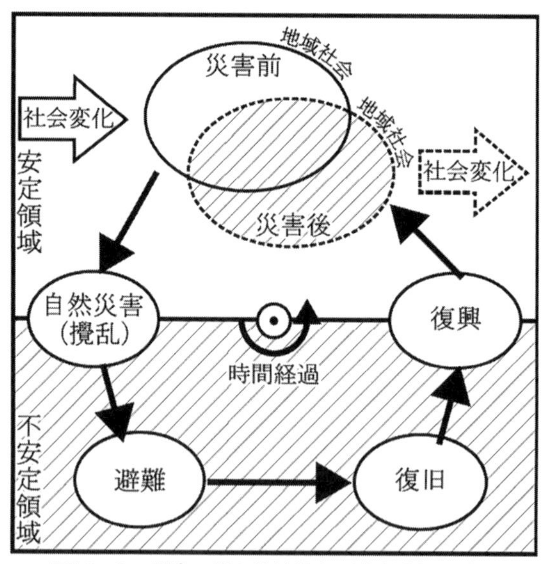

図10－2　災害に伴う地域社会の適応過程モデル
（矢ヶ﨑，2019：537より引用）

わけではなく，また違うものがかたちづくられる（＝再編される）ことを意味しています。

その意味で，本章で扱う「社会の側のレジリエンス」とは，言い換えれば自然災害と地域社会との時間（時系列）的な関係性と，そのダイナミックな変化を扱う考え方だということができます。ここから，具体的な「災害復興」をめぐる事例を通して検討してみましょう。

筆者がフィールドワークを行っている宮城県石巻市旧北上町は，2005年に石巻市に合併されて現北上町となりましたが，仙台市から50kmほどの石巻市中心部からさらに北東約20kmの北上川河口地域に位置しています。地域は，北上川の内陸部分にあたり農業を主な産業とする橋浦地区と，もっぱら漁業に携わる人びとが多い太平洋沿いの十三浜地区から構成されています（図10－3）。

北上町は，東日本大震災にともなう津波の発生によって，たいへん大きな被害を受けました。死者・行方不明者が265名を数えるとともに，流されて全壊となった住居が633棟，半壊および一部損壊が463棟で，被害がまったくなかった住居は地域全体の中で55棟のみという状況でした。ほとんどの世

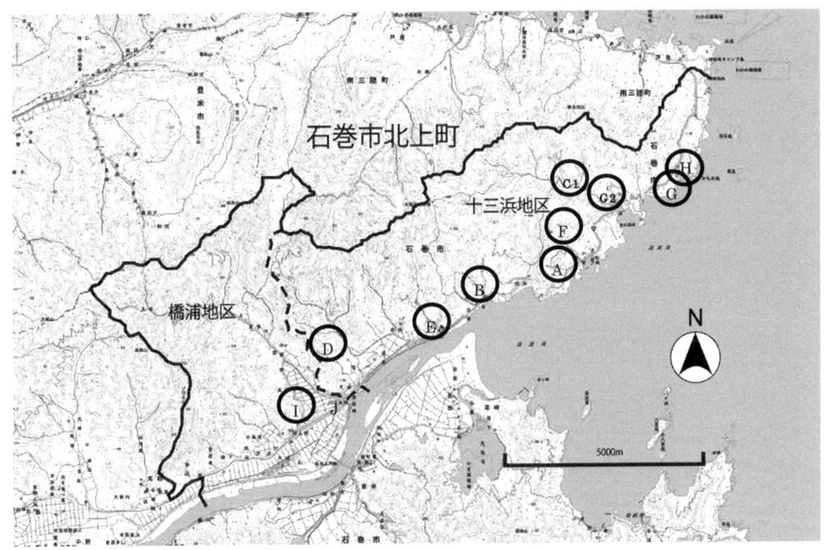

図10－3　石巻市北上町の地図
（国土地理院「2011（平成23）年東北地方太平洋沖地震対策要図」をもとに筆者作成、Ａ～Ｉのアルファベットは後述の集団移転地箇所を示す）

帯が住居を失ったことで，人びとは地域内の山林部を切り拓いて形成した高台に新たに住宅団地を造成する集団移転事業（A ～ I）に参加するか，個別に地域内で自力再建するか，はたまた地域から転出するか，それぞれが決断を迫られました。

その中で，筆者ら共同研究者のグループは，2011年９月から，市職員より依頼を受けて，北上町内における防災集団移転促進事業（集団移転）にかんする合意形成を行うワークショップ（話し合い）において，地域住民同士のコミュニケーションを促進するファシリテーター役を担うことになりました（図10－４）。筆者らが依頼された理由としては，2004年から北上町で行っていた調査研究を通じて，震災前の地域状況や，人びとの生活の実情とその経緯にある程度精通していたことがあります。実際，話し合いのファシリテーターを務めた際にも，「誰が何処の区画に住むか」や「意見が異なった際にどこで妥協するか」といった住民同士の生々しい応酬にたいして，筆者らは一方で地域の「事情通」でありながらも，他方であくまで地元に利害関係のない「よそ者」という立場でした。こうした微妙な立場性から，かえって話し合いのサポートが比較的スムーズに行えた側面もありました。

話し合いでは，地域内で３つの段階の「合意形成」をとりまとめることが必要となりました。まず「災害危険区域指定の合意」です。津波で大きな被害を受け，今後も津波が襲来する可能性の高い地区が，災害危険区域ならびに移転促進区域の指定を受けます。指定によって，個人の私権は大きく制限

図10－４　2012年～集団移転の話し合いのファシリテーターを務める（撮影：髙﨑優子）

されますが，その代償として，集団移転にかかる費用の補助や，区域内の宅地および農地などの買い取りを受けることができます。具体的には，被災居住地の土地を売るか売らないか，という判断となります。石巻市では，2012年12月に災害危険区域が指定されました。

次に，「集団移転に関する合意」があります。地方自治体は，移転地の高台を確保（地権者とのやり取り）しますが，集団移転に関する意思決定はあくまで住民自身が自発的に行うこととされています。したがって，集団移転の事業に参加するか，しないかを地域内で取りまとめ，移転に関して国土交通省大臣の同意を得る必要があります。地方自治体は，移転先を造成するなどして用意し，その造成地を住民が買い取るか借りるかして，住宅は住民自身が建設することとなります。

その段階まで決まると，いよいよ「コミュニティや家のデザインに関する合意」形成を行います。専門家のファシリテーションを受けながら，住民同士が話し合って高台に造成する新しい集落の細かい部分や共同施設について詰めていくことが想定されます。話し合いは，個々の住宅をどこにどう配置するか，という細部の調整から，総合的な「復興まちづくり」のデザインの領域にまで及ぶものとなります。

石巻市は，集団移転の事業実施数が最大の宮城県の中でも，84区域6,291戸（2021年時点）と，もっとも多くの戸数が移転しており，その中で北上町（9 地区）は，「災害危険区域指定の合意」と「集団移転に参加するかどうか，どこに移転するかの合意」については，東北の被災地の中でも，もっとも早い段階で合意がはかられました。この点にかんしては，筆者らのかかわりやその存在が，ささやかにでも「地域復興」の手伝いとなったのではないか，役に立てたのではないか，と一定の手応えを感じていました。

第 3 節　「時間」とその「変化」がもたらすもの

ところが，「コミュニティや家のデザインに関する合意」を進めるうちに，いったん了承が得られたはずだった高台の地権者との交渉がにわかに難航したり，造成工事がなかなか始まらなかったり，始まってもそこから停滞したりといった，当初想定していなかったさまざまな事態が生じました。集団移転の事業に参加していた人びとは，早いうちに移転をめぐる合意とその許可を得ておきながら，数年にわたって仮設（借り上げ）住宅に留まり続けることを余儀なくされました。すると，2011年度の計画時点で，北上町全体で427戸が集団移転に参加することを申請していたのが，2012年度の時点で希望者の1/4程度が外れ，その1年後の2013年には，当初の希望者の半数近くが離脱してしまいました（表10−1）。地域内の集団移転に参加するのを取りやめた人びとの多くは，北上町外に転出する選択に踏み切ることとなりました。

この間，北上町では，地元発信のものから，外部からの支援まで，さまざまな「復興」まちづくり活動が取り組まれてきましたが，結果として，震災直前の人口約3,900人が，（2022年）現在は約2,200人と，総人口もその半数近くに減少しています。

当初，地域の「復興」に向けた集団移転事業にかんする合意形成に，少しは役に立てたのではないか，と感じていた筆者らにとっても，集団移転事業の推移は思いがけないものでした。このプロセスの中で，震災前に1つにまとまっていた集落（表10−1におけるC）が，2つの住宅団地（都合3つの移転地）に分裂するという事態が実際に発生しました。また逆に，複数の集落が1つの移転先に新しくまとまるなど，コミュニティの再編を伴う移転事業となりました。つまり，集団移転事業が急転した地域では，事業の遅延に伴い，地域社会の解体に係る3つの現象が発生していました。急転した集団移転事業の舞台裏で，いったい何が起きていたのでしょうか。

第一は，個人と世帯の居住にたいする復興施策が，かえって地域社会の解体を促進したことです。具体的には，北上町内での移転を決めていた多くの人びとは、移転工事が当初の予定より長引き，仮設住宅暮らしが続く中で，心変わりが生じたり，家庭の事情が変わったりで，当初の意思決定に揺らぎが生じました。そうしたなかで後から登場した地域外への転出と住居確保にとって有利な補助制度は，北上町内での移転を決めていた多くの人々の意思を，町外への転出に変えさせ，地域外への人口流出を促進させました。

第二に，個人と世帯の選択と，地域復興の足並みがしだいに折り合わなくなるケースがみられたことです。たとえば，移転工事に待たされるうちに，

表10−1　北上町における集団移転事業の経緯と参加戸数の変遷
（ヒアリングと事業にかかわる資料に基づき筆者作成）

集落名	計画戸数	希望戸数(2012.4)	希望戸数(2013.3)	整備状況(2021.2)	国土交通省大臣認可年月	工事開始期
A	15	20	12	18	2012年3月	2013年3月
B	50	44	24	23	2012年7月	2015年8月
C−1	18	8	10	11	2012年10月	2013年10月
C−2	7	17	9	10	2012年10月	2013年10月
D	175	96	95	87	2012年10月	2015年度〜
E	34	16	15	12	2012年10月	2013年10月
F	79	63	48	54	2012年8月	2013年10月
G	20	12	10	12	2012年4月	2013年3月
H	10	3	5	4	2013年6月※	2014年3月
I	19	12	6	6	2012年7月	2013年3月
合計	427	291	234	237	※変更あり	2013年3月

世帯の中で震災当時幼かった子どもや孫が大きくなり，その将来や進学をどうするかが世帯にとって新たな課題となります。さらに，北上町に住み続けてきた高齢世帯が，震災を機に，他地域の都市部に住む子どもや孫の世代から，移住するように促されるなど，時間の経過と状況の変化によって，個人や世帯の復興が，地元地域の復興とは違う道筋を歩むようになります。

第三には，被災した地域社会が従前から抱えていた課題とその亀裂に，震災の衝撃で拍車がかかることです。地域からの転出傾向が強くなり，人口流出が目立つようになったとき，その数字だけ額面どおりに受け取ると，まるで震災の衝撃で，人口減少がいきなり発生したように思われます。ただし実際には，北上町は震災前から65歳以上の高齢者人口が地域に占める割合が35%以上となっており，もともと過疎化が進んでいた状況がありました。つまり，震災の前から地域が抱えていた過疎化と高齢化による変動の本来のペースが震災現象のインパクトで前倒しとなり，さらに歯止めが利かなくなっていることに注意を払うべきです。

ここまで見てきたように，北上町の集団移転事業の経過から読み取ることができるのは，「時間」の経過とそれに伴う「変化」により個人と世帯にたいする（補助）制度が地域社会の解体を促進してしまうことがあり，それと並行して個人と世帯の選択と，地域復興の足並みが揃わなくなるということです。また，これらから，「震災後」の現状を把握するためには，「震災前」の地域社会がどうであったのか，それが震災によってどうなったのかについて，「前」と「後」の接続と断絶との両方を問わねばならないことも見えてきました。

こうして地域復興を「時間」のスケールでみることによって，私たちが，災いごとと災いごとの「間（あいだ）」にいる，というのがどういうことか，より立体的に感じられるようになります。

北上町で農業に従事している地域住民のAさん（60代男性）が，北上町に残ることを決め，集団移転に参加して新居に入られた際，以下のように語っていたのが，とくに印象に残っています。Aさんは，戸数の少ない移転地に早い段階で新居を建て，暮らし始めたことについて，

> 「ここ（の集落）は結果的に移転が早かったが，それが良かったのか悪かったのかはわからないさ。時間が経つにつれて条件が変わってくるし，制度もどんどん改善されていくから。必ずしも早くて良かった，というわけではないと思うよ。（震災直後は）知らない土地に今更行くのはありえないと思っていたが，今となっては，長い目で見れば他の所に行っても良かったかなと思う。もう遅いけどさ」
> （Aさんにたいする2014年8月のヒアリングより）

と表現しました。このことからも窺えるように，震災で受けたダメージから立ち上がろうとする決断や選択を「とにかく急ぐ」ことにも，逆に「時間をかける」ことにも，必ずしも「正解」はありません。それぞれの状況と方向性が多様になっていくなかで，それぞれの不安や課題が生まれるというのが実情です。

第4節　レジリエントな「復興」のゆくえ

前節まで，災害からの「復興」プロセスの事例を追ってきました。その実態から考えてみると，はたしてどのような状態・状況を，災害からの「復興(回復)」とするべきなのでしょうか？

それはたとえば，さらなる災害に対する「防災（抵抗）力」の向上を指す場合もあるでしょう。また，道路や交通施設などのインフラが復元する速度なども1つの有力な基準になるかもしれません。しかし他方では，そこに住んでいる人びとの主観的な「復興感」による，という捉え方もできるでしょう。とくに前者の「ハード面の復興」を推し進めようとする際，災害前の状態より災害後をよくしようという考え方がしばしば「創造的復興」と銘打たれ，実践されてきました。「創造的復興」とは，1994（平成6）年に起きた阪神・淡路大震災の折に，当時の兵庫県知事が「たんに震災前の状態に戻すのではなく，21世紀の成熟社会にふさわしい復興を成し遂げる」ことを目指して掲げたスローガンです。さらに東日本大震災においても，宮城県知事らが「創造的復興」を強調する政策や取り組みを打ち出しました。たとえば「水産業復興特区」として漁業権を民間に開放したり，水道や仙台空港の民営化に踏み切ったりと，とくに従来の地域経済構造にメスを入れ，震災前よりも，よりよい状況への「復興」を目指すものとしています。

実際，日本政府も東日本大震災後に，大規模な災害や事故にたいしても致命的な被害を負わない抵抗力の強さと，速やかに「回復」するしなやかさを備えた「国土強靭化（ナショナル・レジリエンス)」の推進をはかることとしています。こうした考え方は，実は目新しいものではありません。古くは，1923年に発生した関東大震災の直後に，内務大臣兼帝都復興院総裁として東京の帝都復興計画の立案・推進を構想した後藤新平は，次のように述べています。

> 「…（略）今次ノ震災ハ帝都ヲ化シテ焦土ト成シ，其ノ惨害言フニ忍ヒサルモノアリト雖モ，理想的帝都建設ノ為真ニ絶好ノ機会ナリ」
>
> （後藤，1923『帝都復興ノ議』より）

この後藤の発想は，「創造的復興」の先駆けといえるもので，後藤は関東大震災の発生前に東京市長を務めていましたが，その折，1921年の時点で，街路の新設拡張・下水の改良・港湾の修築・公園の新設などを盛り込んだ壮大な『新事業及び其財政計画綱要』を当時の市参事会に提出しています。後藤は，「震災復興」を首都東京改造計画の延長線上に見据え，実行します。これが災害後の人口増加の社会観が基盤となってかたちづくられた「上（ハード面）からの復興」の原型でした。このように，「創造的復興」のルーツをたどってみると，「復興」という言葉にはどこか，「災害前よりもより良いもの」を目指す，かつての高度経済成長期に見られたような「終わりなき，さらなる発展」を掲げる意図が含まれているようです。

ただし，レジリエンスの観点から，（地域）社会の回復をいま一度考えてみると，災害から回復した社会状況とはどのようなものか，ということについて，明確に定義をするのは，そう簡単ではないことに気づかされます。なぜなら，北上町の事例からも窺えたように，人びとの生活の再生や，地域社会の再編などといった，さまざまな「復興」が取り組まれる暮らしの現場には，明確な「復興の成立」の“節目”などは存在しないからです。

一方，東日本大震災をめぐる制度を巨視的に見てみると，国の設定した「集中復興期間」は，2015年度をもって終了し，さらに2020年度末で「復興・創生期間」が終わりました。他にも，原子力災害被災関連を除くすべての復興事業を完了させるなど，震災をめぐる制度には明確な切れ目や節目があり，順次画一的に進められていきます。しかし，地域の復興をめぐる複雑で多面的な実態からすれば，この切れ目や節目は，ずいぶんと単線的な断面に映ります。

さらに言えば，災害からの復興とは，「災害が発生させた新たな現実に適応していくプロセス」（牧，2011:22）であり，復興とは，新たな環境への適応という，人間にとっては大変なストレスとなる経験であるとも考えられます。実際，災害は人びとの住む家や暮らしそのもの，まち全体を破壊しますが，それに対して「（創造的）復興」には，破壊を受けてそこからの創造に取り組む，という意味合いが込められています。しかし同時に，これまでみてきたような画一的・硬直的な計画に基づく“性急な”「復興」は，災害以前にあった家や暮らし，まちがどのようなものであったか，どこに何があったのか，その痕跡を覆い隠してしまう側面も持ちあわせています。「復興」を一面的に見て，その計画を直線的に推し進めるところからは，災害前と災害後の地域（社会）をつなぐ手がかりもまた，見落とされがちとなるでしょう。

前田（2016）は，災害にかんするレジリエントな社会のかたちを，以下のように構想します。社会のメンバーである個人にとって，生活の再生に伴って「どこに住まうか」の条件（選択の余地として）として想定される地域の範囲が広く，またそれと関連して，住居，仕事場，コミュニティ等にも「一定の選択の幅」（前田，2016:106）があるということではないか，としています。つまり，複数の状況にたいして，複数の選択肢を想定できる個人と，その集合であるコミュニティに，レジリエントな（地域）社会へと再編される可能性を見出しています。

第5節　災間のフィールドワークの可能性

本章では，災害にたいするレジリエントな社会環境とはどのようなものか，について考えてきました。最後に，いま，災間の社会にある私たちが，これからレジリエントな社会環境を形成するために，どのような実践（フィールドワーク）ができるのか，考察してみましょう。

筆者は，第2節，第3節で事例として取り上げた宮城県石巻市北上町に，東日本大震災が発生する以前からフィールドワークで通っていました。北上川の河口地域に当たる同町の河川敷に繁茂するヨシという植物が，地域資源としてどのような意味や価値をもっているのか，また，地域の人びとがヨシをどんな仕組みで利用し，維持管理をおこなっているのかについて調べてきました。調査の対象は，しだいに人びととヨシ（自然環境）の関係だけでなく，ヨシの利用をめぐって人と人，地域（集落）と地域（集落）がときに協力したり，ときにせめぎ合ったりという社会関係にまで及んでいきました。そうした調査経験の拡がりと蓄積が，集団移転事業でお手伝いをさせていただいたときのように，意図せざるかたちで，「震災前」と「震災後」を結びつけることがあります。つまり，震災後の地域復興のあり方を論じ，その実践を考える際には，震災が発生したことを，まずは震災前からの連続した一連の社会過程として捉える目線が重要となります。また同時に，被災してダメージを負った人びとの暮らしの連続性が，いったん切断されてしまうことによって，その将来がどのように不透明になっていったのかを問う観点の双方が必要となるでしょう（黒田，2019）。

筆者の専門である「社会学」の視点は，自然環境から「恵み」と同時に「痛み」も受ける人間社会が，災い／禍に対してどのように向き合い，立ち向かっていこうとするのかを探ろうとします（環境社会学）。また，災害が発生することにより，ある地域社会とそのコミュニティがどんな被害を受けてしまうのか，そこからどのように回復・復興していこうとするのかを明らかにします（地域社会学）。こうした環境と地域を結びつける複眼的な視点から，これからのかかわりや，つながりのあり方に接近を試みます。災害とは，巨視的なスケールでみれば，人間とそれをとりまく環境そのものを揺るがす大きな変動です。当然のことながら，筆者は社会学のアプローチだけでその実態の解明に迫ることができるとは考えていません。災害が多発する状況にたいして社会として対応できるような枠組みづくり（原・菊池・平吹編，2021）のためには，隣接する領域とのクロスオーバーや，環境科学の複合的な視点による「現場の総合格闘技」がいっそう求められると感じます。

忘れてはならないのは，今後も頻発することが予想される災害や禍ごとの襲来と，その理不尽に向き合わざるをえない社会と当事者がどう受け止め，状況にたいして自分なりの「納得」をして，どのように歩み出そうとするのか，を見極めることです。さらにいえば，そのプロセスをただ傍観するのではなく，同時代の災間に生きる者として，「わが事」として受け止め，考え，行動すること（＝フィールドワークの実践）が重要でしょう。

環境の，ある状態を静態（固定）的にみて，その維持を求めようとするのではなく，環境が変化していく状況を動態的にみて，そこにどのようなレジリエンス（レジリエントな社会）を見出していこうとするか。その姿勢こそ，私たちが，災間の社会で新たな日常を再構成していこうとする試みに連なるものといえます。災害による痛みと，社会の脆弱さを受け止め，引き受けながらも，そこから自分たちで決定していくことのできる社会的なしくみづくりへとつなげていくこと。それこそが，変動する社会環境の未来を切り拓く，人と自然環境とのあいだ，ならびに人と人同士の，レジリエントな応答関係であると考えます。

引用文献

岡田知弘：「〈地域経済の現場から〉震災被害地から学ぶ―東日本大震災被災地を訪ねて―」『資本と地域』13，2018年

黒田暁：「“住まい”と“暮らし”のコミュニティの再編をめぐって―宮城県石巻市北上町における震災復興の取り組みから」関礼子編『被災と避難の社会学』東信堂，2018年

黒田暁：「震災をめぐる暮らしの連続性 / 断絶と環境社会学のまなざし」『環境社会学研究』25，2019年

後藤新平：『帝都復興ノ議』東京市政調査会，1923年

寺田寅彦：『寺田寅彦随筆集 第五巻』岩波書店，1948年

中西進・磯田道史：『災害と生きる日本人』潮出版社，2019年

仁平典宏：「〈災間〉の思考―繰り返す3.11の日付のために」赤坂憲雄・小熊英二編『「辺境」からはじまる―東京／東北論』明石書店，2012年

原慶太郎・菊池慶子・平吹喜彦編：『自然と歴史を活かした震災復興 持続可能性とレジリエンスを高める景観再生』東京大学出版会，2021年

前田昌弘：『津波被災と再定住―コミュニティのレジリエンスを支える』京都大学学術出版会，2016年

牧紀男：『災害の住宅誌 人々の移動とすまい』鹿島出版会，2011年

矢ヶ﨑大洋：「津波災害に対する地域社会のレジリエンス―宮城県気仙沼市舞根地区における東日本大震災と防災集団移転を事例に―」『地学雑誌』126（5），2019年

Gerald G. Marten: Human Ecology-Basic Concepts for Sustainable Development, United States/Canada: Earthscan Publications, 2001

Hollings, C.S.: “Resilience and stability of ecological systems.”*Annual Review of Ecology and Systematics*, 4, 1973

第11章
レジリエントな地域社会の構築に向けて

渡辺貴史・黒田 暁

本書では，これまで主に，レジリエントな地域社会の構築に向けて対応が必要とされる問題の内容と対策について説明してきました。本書のまとめにあたる本章では，これからレジリエントな地域社会を構築する上で気をつけるべき点を論じます。

具体的には，レジリエントな地域社会の構築に向けた対応が必要とされる問題への対策である緩和策と適応策を整理した後に，問題の特徴とそれに対して心がけておくべき事柄を説明します。

第1節　地域のレジリエンスを高める緩和策と適応策

第1章では，問題に対するレジリエンスな考えにもとづく対応の概要を説明しました。すなわち，環境に対しては，人間の活動による負荷を，復元可能な程度に抑えること。人間を含む社会は，負荷の削減とともに，環境の変化に伴って生じる被害をなるべく減らすための対応を検討し実施することが欠かせないこと。そして，これらのなかで負荷の削減は緩和策に相当し，被害をなるべく減らす対応は適応策に相当するものと説明しました。本書が取り上げた緩和策と適応策の事例は，主として気候変動と環境汚染（大気汚染・地下水汚染）問題に関わるものでした。具体的には，以下の通りです。

(1) 緩和策

主な緩和策は，第2章の整理にみられる通り，5つに分けられるといえます。第1は，原因となる物質の排出を抑える対策です。具体的には，第2，

3 章において示された排出量を少なくするライフスタイルへの移行にくわえて，第 5， 9 章にて言及された地熱をはじめとする化石燃料の使用削減に資する再生可能エネルギーの活用等が挙げられます。第 2 は，排出された物質を吸収する対策です。第 7 章において触れられた都市緑化は，植物が光合成を通じて体内にCO_2を取り入れている点において，第 2 の緩和策の一つといえます。第 3 は，排出された物質を回収する対策です。第 6 章では，未利用バイオマスを原料として有用化学品を生産するリサイクルバイオ技術の説明がありました。この技術は，原因となる物質が含まれる未利用バイオマスを有用化学品として再資源化することから，第 3 の緩和策の一つといえます。第 4 は，これまでに説明してきた緩和策の実装に向けた技術・経済的な支援のあり方に関わる対策です。そして第 5 は，これらの対策をとる必要性を理解し実行できる人材を育成するための教育・学習に関わる対策です。

（2）適応策

大気汚染・地下水汚染に対する主な適応策としては，汚染物質の生物に対する暴露量を減らすことが挙げられます。大気汚染に対しては，第 3 章に言及される通り換気や空気清浄機・マスクの使用が考えられ，地下水汚染に対しては，汚染された地下水を飲用しないことが考えられます。気候変動により対応が求められる問題としては，異常気象により発生する自然災害や気温上昇に伴う熱中症等が挙げられます。このうち自然災害に対する主な適応策としては，第 8 章において説明される通り，津波・高潮を回避するための住居の高台移転，洪水被害の軽減に向けての堤防等の社会基盤整備や建物のかさ上げ等が挙げられます。熱中症に対しては，第 7 章で説明した通り樹木の樹冠が緑陰を形成することによってクールスポットとなることから，都市緑化が適応策の一つといえるでしょう。

さて，これら対策の有効性を高めるためには，対策が必要とされる問題の特徴を理解することが欠かせません。次節では，問題の特徴を説明し，それを踏まえた心がけるべき点を説明します。

第 2 節　対策が求められる問題の特徴と対応

対策が必要とされる問題の主な特徴としては，本書の内容にもとづくと，多面性と関連性，不確実性，不可視性，社会の変動性の 4 つが挙げられると考えられます。

(1) 多面性と関連性

レジリエントな社会形成に向けて対応が必要とされる問題は，第 1 章第 3 節の環境問題の推移にて説明した通り，時間の経過に伴い，「問題」として認識されるものが多くなりました。たとえば，第 1 章第 4 節において取り上げたプラネタリーバウンダリーでは，これらの問題を，3 つのグループ（地球全体に影響を与えるグループ，地域の状況によって大きく異なる地球環境の回復に関係するグループ，人間と地球に悪影響をもたらす人間が作ったものに関わるグループ）と各グループに属する 9 つのシステムに分けて整理されていました。このように現代社会が抱える問題は，多くの問題から構成される多面性を持っています。

第 3 章第 4 節では，これらの問題が独立して成り立っておらず，お互いに関係していることが説明されました。すなわち，プラネタリーバウンダリーのシステムの一つである「気候変動」による地球温暖化は，生息環境の変化による生物多様性の喪失や海面上昇に伴う陸域の減少にみられる土地利用の変化をもたらすことが考えられます。一方で，土地利用の変化に相当する現象の一つである森林の減少は，生物圏における CO_2 固定量を減少させ，地球温暖化に影響を与えることが考えられます。つまり，多くの問題同士は，関連しあっているのです。

多面性・関連性を持った問題の対応には，問題が関連しあっていることを認識するために，まず異なる問題の解決にあたっている主体同士の連携が必要です。連携における対応には，他の問題に与える悪影響に考慮した対策を検討できたり，異なる複数の問題において同じ対策を実施する際に効率的に実施できたりするといった利点があります。

問題の解決に関係する主体は，その特徴の相違により複数の主体に分けら

表11－1　問題に関わる中心的な主体

名称	意味
行政機関	法律や条例によって決められた活動を行う機関
議会	選挙等により選出された議員が法律の制定等の活動を行う機関
企業	一定の計画のもとに営利を目的とした活動を行う組織
地縁組織	一定の区域に住む人々による地域社会の維持を目的とした活動を行う組織
NPO（非営利組織）	社会貢献や慈善を目的とした非営利の活動を行う市民団体
研究者	問題の解決に関わる学問の研究や教育に従事する者

れます。主要な主体としては，私たち自身と，表11－1に示した主体が挙げられます。このうち最も大きな役割を果たす主体としては，第9章において説明される通り，従来から地域社会の課題に取り組んでおり，緩和と適応策の実施に必要な法律と条例を制定でき，実施に使える財源もある地方公共団体等の行政機関といえます。ただし問題を解決する上では，行政機関とそれ以外の主体が連携して取り組むことが望ましいとされています。これは，協働原則（Collaboration principle）と呼ばれています（倉阪，2019)。協働が望ましい主要な理由としては，倉阪（2019）によれば，3点挙げられます。第1は，行政機関と問題発生の原因となる活動に関与する企業と市民が連携することにより，対策に企業と市民の意向が反映できることです。第2は，行政機関が所持していない情報に，企業と市民による情報を加味した対策を検討できることです。第3は，行政機関の活動が行政界といった管轄区域等の空間的な制約を受けることが多いのに対して，企業と市民の場合，空間的な制約を受けづらく問題の広がりに応じた活動が展開される可能性があることです。

（2）不確実性

問題の解決あるいは発生を抑える上では，将来を予測すること（例：CO_2濃度がどのように変化しそれが環境にどのような影響を与えるのか）が重要です。なぜなら，将来予測に関わる情報は，問題の解決あるいは問題の発生を抑えるために，どのような対策を行えばよいかを決める時の根拠として，必要だ

表11－2　不確実な問題に対する意思決定（倉坂，2016）

結果／意思決定	やはり問題だった	問題じゃなかった
不確実なので対策は後に	被害甚大	結果オーライ
不確実だが対策を実施	被害最小	対策費分の損失

からです。

しかしながら，現時点の予測の精度は，高いとはいえません。たとえば，第 2 章では，将来の温室効果ガス排出量に係る複数のシナリオを用いた，気候変動の将来予測が論じられています。降水については，全国的に大雨や短時間強雨の発生頻度が増えることが予測されているものの，都道府県単位の将来予測の不確実性が高いと論じられています。また，台風については，日本付近における台風の強度は強まると予測されていますが，その確信度に関しては，評価が分かれるとされています。気候変動に伴う災害リスクの低減に向けては，堤防等の社会基盤整備や建物のかさ上げといった洪水対策を実施する必要があると述べられています。しかしこの対策の実施には，将来予測の不確実性が高く，多くの予算を投じて対策を実施する論拠が不明確であるために，対策実施の合意が得られない事態が発生する可能性があります。

不確実性が高い問題への対応を決める時の原則としては，予防原則（Precautionary principle）と呼ばれるものがあります。これは，科学的に不確実であっても，重大な事態が発生することを予防する対策の実施を妨げてはならないとするものです（倉阪，2019)。表11－2 は，不確実性が高い問題に対する意思決定をまとめたものです。予防原則のもとでは，たとえ対策費分の損失が発生しても，同表の下段の意思決定を実施することが望ましいといえます。なお不確実性が高い問題への対処には，予防原則とともに協働原則による対応も有効です。すなわち，単純な問題については，対策を行う主体によるこれまでの対応で十分であると見込まれる一方，問題の特徴を特定しづらい曖昧な問題については，問題の危険性や問題の根底にある意味等に関わる複数の主体による社会的議論の必要があり，不確実性が高い問題に対する協働原則の有効性が論じられています（Renn，2015)。

(3) 不可視性

災害リスクを規定する要因は，第９章において，災害発生の原因となる自然現象（ハザード），ハザードの脅威にさらされている対象である人や資産（暴露），ハザードに対する人や資産の抵抗力の程度（脆弱性）の３つから構成されると説明されました。人や資産の抵抗力の大きさに関係する要因の一つには，人や資産がある環境が挙げられます。たとえば，低地の河川沿いに住んでいる人は，一般的に，脆弱性が高い（抵抗力が小さい）ため，災害リスクが高いといえます。しかし，自身が住んでいる場所が，脆弱性が高い場所かどうかを判断することは，専門的な知識がない限り，難しいです。

本書で取り上げた問題の解決・改善には，数年〜数十年といった比較的長い期間が必要となります。長い期間にわたり対策を継続するためには，モチベーションを維持することが欠かせません。モチベーションを維持するための工夫の一つとしては，投じた努力がどのように成果に反映されているかを知ることが挙げられます。しかし，本書において取り上げた問題のなかには，実施した対策の効果を実感しづらい問題があります。たとえば，第４章に登場した地下水汚染を引き起こす硝酸性窒素等の窒素成分は，地下に入り込ん

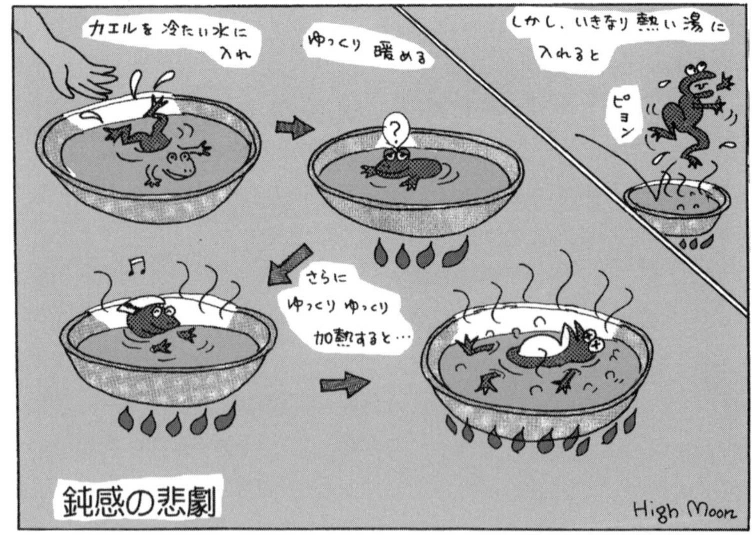

図11−1　鈍感の悲劇（出典は，内藤・高月（2004)。但し掲載の図は，「ハイムーン工房」(https://highmoonkobo.net/?p=3450, 2022年12月19日アクセス）に掲載された画像にもとづき作成）

だ後，ゆっくりと流動しながら地下水に到達します。したがって，対策が成果としてあらわれるまでには，かなりの時間がかかります。つまり，対策を実施した時期と成果がでてくる時期との間には，大きな時間的な隔たりが生じます。さらに見た目のみから，成果が上がっているのを確認することは，成果が水の透明度に反映されない場合もあるために，困難です。こうした特徴は，気候変動にも当てはまります。図11−1 のイラストは，短期間に急激な変化があらわれない気候変動等の地球環境問題に対する人々の実感のしづらさを表現したものです。

このように問題に対処する際には，問題が起きやすい環境のもつ特徴の見えづらさや，実施した対策の成果の実感のしづらさといった不可視性に気をつける必要があります。

不可視性が高い問題の対応にあたっては，私たちが問題を把握しやすくなるように，問題を可視化することが望ましいといえます。本書には，問題の可視化に関わる研究成果や実践例が紹介されています。

研究成果としては，第 2 章の CO_2濃度の観測とグラフ表示，第 3 章の小型計測器による大気汚染物質濃度の計測と地図表示，そして第 4 章のスティフダイアグラムによる硝酸性窒素汚染を反映した NO_3イオンの表示等が該当します。また，実践例としては，第 8 章のハザードマップ等が該当します。第 8 章では，人々が避難行動の意思決定に関係する情報を様々な経路から取得していることが説明されています。このことから，問題の解決に関係する主体がこれらを正確に把握し適切な対応をとる上では，可視化された情報をどのように伝えるかも重要です。

(4) 社会の変動性

社会は，今日に至るまでに大きな変化を遂げていきました。日々の暮らしからは，その速さは止まることなく，場合によっては加速しているように感じられることも多いでしょう。問題を解決する過程では，社会の変化により，問題の解決方法に対する社会の受け止め方自体が変わる可能性があります。その一例としては，第10章の東日本大震災の発災をきっかけに実施された宮城県石巻市北上町（以下，北上町）における防災集団移転促進事業の推移が挙げられます。

防災集団移転促進事業とは，東日本大震災の津波により住居を失った世帯の，津波の被害を受けづらい地域内の高台に新たに造成された住宅団地への移転を促進するための事業です。北上町の各集落では，他の地域と比べて早い時期に，移転への合意が得られました。しかし移転の希望者は，2011年度から2013年度にかけて，半数近くに減りました。その主な理由としては，土地買収の交渉や移転工事に当初の予定よりも多くの時間が費やされ仮設住宅での生活が長引くなかで，（地域内に）移転する意思に変化がみられたことが挙げられます。さらに，住居の確保に有利な補助制度の登場や他地域に住む子供らによる地域外の転出を勧める働きかけは，意思の変化を促進させました。防災集団移転促進事業は，当初，津波を避ける解決方法として多くの地域住民から支持を集めました。しかし事業に対する支持と地域の合意形成は，事業の長期化や社会情勢の変化を受けての移転の希望者の減少にみられる通り，しだいに動揺して分裂傾向となりました。そして意思を変えた地域住民の多くは，地域外への転出という別の方法を選択したのです。

以上から問題の解決に向けて対策を実施する際には，社会情勢の変化の影響を受けて，人々が望ましいと考えていた対策が変わる可能性があることに気を付ける必要があります。

災害からの復興のように，社会の変動の影響を大きく受ける問題には，社会の変動に応じて対策を変更できる枠組みにより，対応することが望ましいといえます。枠組みを検討する上で参考になる概念としては，複雑な生態系を管理するために，目標や対策を生態系の反応にあわせて変化させていく順応的管理（Adaptive management）が挙げられます（相澤，2022）。

順応的管理は，図11－2に示す通り，管理目標の設定，管理計画の策定，管理の実施とモニタリング，評価・フィードバックから構成されています。このうち社会の変動に応じた対策の変更を実施する上で重要な段階は，モニタリングと評価・フィードバックといえます。モニタリングとは，設定された目標の達成状況を客観的に評価できるように，問題発生の対象を，観測・観察することです。評価とは，モニタリングの結果をもとに，対策が効果を上げているかという観点から，管理計画を評価することです。フィードバックとは，対策が思った通りの効果を上げていない場合，その原因を検討し，管理計画を再検討することです。その際，場合によっては，管理目標自体を

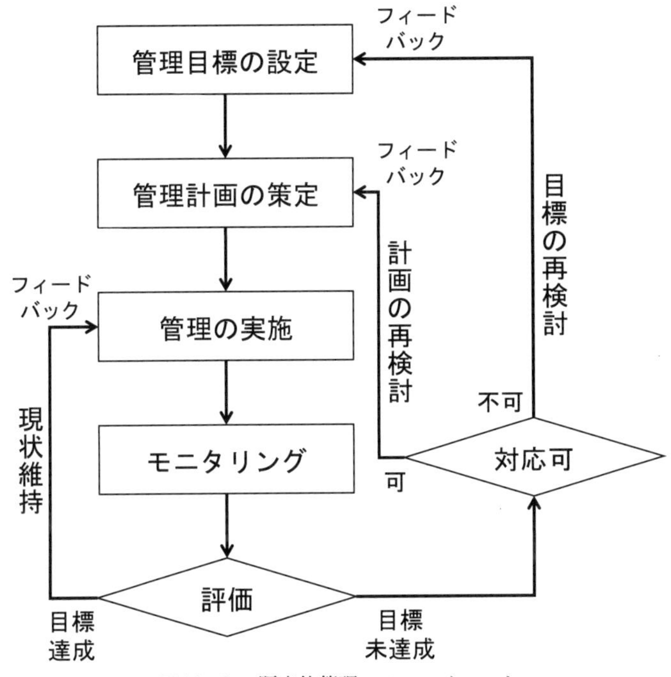

図11－2　順応的管理のフローチャート
（相澤（2022）をもとに作成）

変えることや対策を中止することも考えられます。

これらは，本節で述べた，問題を取り巻く状況の変化に応じて，社会が望ましいと考える対策のあり方も変わることに，柔軟に対応できる方法であるといえます。

第 3 節　レジリエントな社会に向けての心がけ

本章では，レジリエントな地域社会の構築に向けて対応が必要とされる問題に対する緩和策と適応策の概要を説明した後に，問題の特徴とそれを踏まえた心がけておくべき事項を説明しました。

すなわち，緩和策と適応策は，協働原則と予防原則にもとづき，実施すること。問題の内容や対策の効果を把握するために必要な情報に関しては，図表や地図等を用いて，可視化すること。そして，問題の解決に長時間を必要とする問題に対しては，目標や対策を社会の変動に応じて変更できる順応的管理の指針にもとづき，対応することでした。

第 3 節までに示した心がけとは，とくに緩和策と適応策を行う時の心がけでした。それでは，対策を行う社会自体がレジリエンスを高めるためにはどのようなことを心がければ良いでしょうか。社会自体の心がけを考える上で参考になる概念としては，順応的ガバナンス（Adaptive governance）が挙げられます。宮内（2017）は，順応的ガバナンスを，「環境保全のための社会的しくみ，制度，価値を，その地域ごと，その時代ごとに順応的に変化させながら試行錯誤していく，柔軟性を持ったプロセス重視のガバナンスのしくみ」と定義しています。

先の定義に沿った対応を行う上でのポイントとしては，以下の 5 つが挙げられています（宮内，2017)。第 1 は，「複数性・冗長性の担保」です。たとえば，問題を解決する制度に関しては，同じ問題の解決に使えるものを複数用意し，問題を取り巻く社会情勢に応じて使える制度を選べる「遊び」を持たせること等が挙げられます。第 2 は，「共通目標の（柔軟な）設定」です。問題を解決する目標の設定にあたっては，社会に様々な価値観を持つ人々が存在するなか，様々な価値観を包括する皆が納得できそうな内容にすることです。第 3 は，「社会的評価」です。順応的管理における評価の対象は対策そのものでしたが，順応的ガバナンスにおける評価の対象は，対策を行う社会自体です。評価する内容としては，たとえば，対策の実施によりできたネットワーク，対策の実施に至るまでの意思決定，対策に使われた技術・知識等が考えられます。これらは，効果的な対策の実施に向けた社会の検証と改善策を考える時に役立ちます。第 4 は，「学び」です。学ぶ内容としては，本書で説明した事柄にくわえて，住んでいる地域の自然や社会の状況，対策に使える地域資源等が挙げられます。「学び」は，住んでいる地域の価値に気づく，学び合いによって人々の間に信頼関係が育まれる点において，重要な活動です。そして第 5 は，「支援者の役割」です。支援者・専門家には，問題の解決に直接携わる主体を尊重し，活動を見守りつつ，必要に応じて助言する，一緒に考えていく姿勢が必要です。このような対応と対応がとれるしくみを整えることこそが，問題を解消しながら地域社会のレジリエンスを高めることにつながるでしょう。

上記の点を心がけた対応は，本書の説明に示される通り，わが国のみならず世界各地において既に実施されています。レジリエントな地域社会の構築に向けては，上記の点を心がけた緩和策と適応策を，更に深めていく必要があるのです。

引用文献

相沢章仁：「順応的管理」，亀山章総編集『造園大百科事典』朝倉書店，2021年

倉阪秀史：『環境政策論〔第3版〕環境政策の歴史及び原則と手法』信山社，2014年

内藤正明・高月紘：『まんがで学ぶエコロジー』昭和堂，2004年

宮内泰介：「社会のレジリエンスはどこから生まれるか―順応的ガバナンスの諸要件―」『応用生態工学』20（1），2017年

Renn, O.: “Stakeholder and Public Involvement in Risk Governance,” *International Journal of Disaster Risk Science*, 6, 2015.

索　引

た行

な行

は行

ま行

執筆者一覧

編著者

渡辺貴史（わたなべ　たかし） 長崎大学 総合生産科学域（環境科学系）教授
第１章・第７章・第11章

黒田　暁（くろだ　さとる） 長崎大学 総合生産科学域（環境科学系）准教授
第10章・第11章

著者（五十音順）

馬越孝道（うまこし　こうどう） 長崎大学 総合生産科学域（環境科学系）教授
第５章

利部　慎（かがぶ　まこと） 長崎大学 総合生産科学域（環境科学系）准教授
第４章

河本和明（かわもと　かずあき） 長崎大学 総合生産科学域（環境科学系）教授
第２章・第３章

菊池英弘（きくち　ひでひろ） 長崎大学 総合生産科学域（環境科学系）教授
第９章

中山智喜（なかやま　ともき） 長崎大学 総合生産科学域（環境科学系）准教授
第２章・第３章

仲山英樹（なかやま　ひでき） 長崎大学 総合生産科学域（環境科学系）教授
第６章

吉田　護（よしだ　まもる） 長崎大学 総合生産科学域（環境科学系）准教授
第８章

地域のレジリエンスを高める環境科学

2023年 4 月15日 初版発行

編著者 渡 辺 貴 史
黒 田 暁

発行者 清 水 和 裕

発行所 一般財団法人 九州大学出版会
〒819-0385 福岡市西区元岡744
九州大学パブリック4号館 302号室
電話 092-836-8256
URL https://kup.or.jp
印刷・製本／城島印刷㈱

Printed in Japan ISBN 978-4-7985-0352-3